JN241829

イタリア伯爵　糸の町を往く

〜明治2年の上州視察旅日記〜

富澤　秀機
Tomizawa Hideki

イタリア伯爵一行の全行路

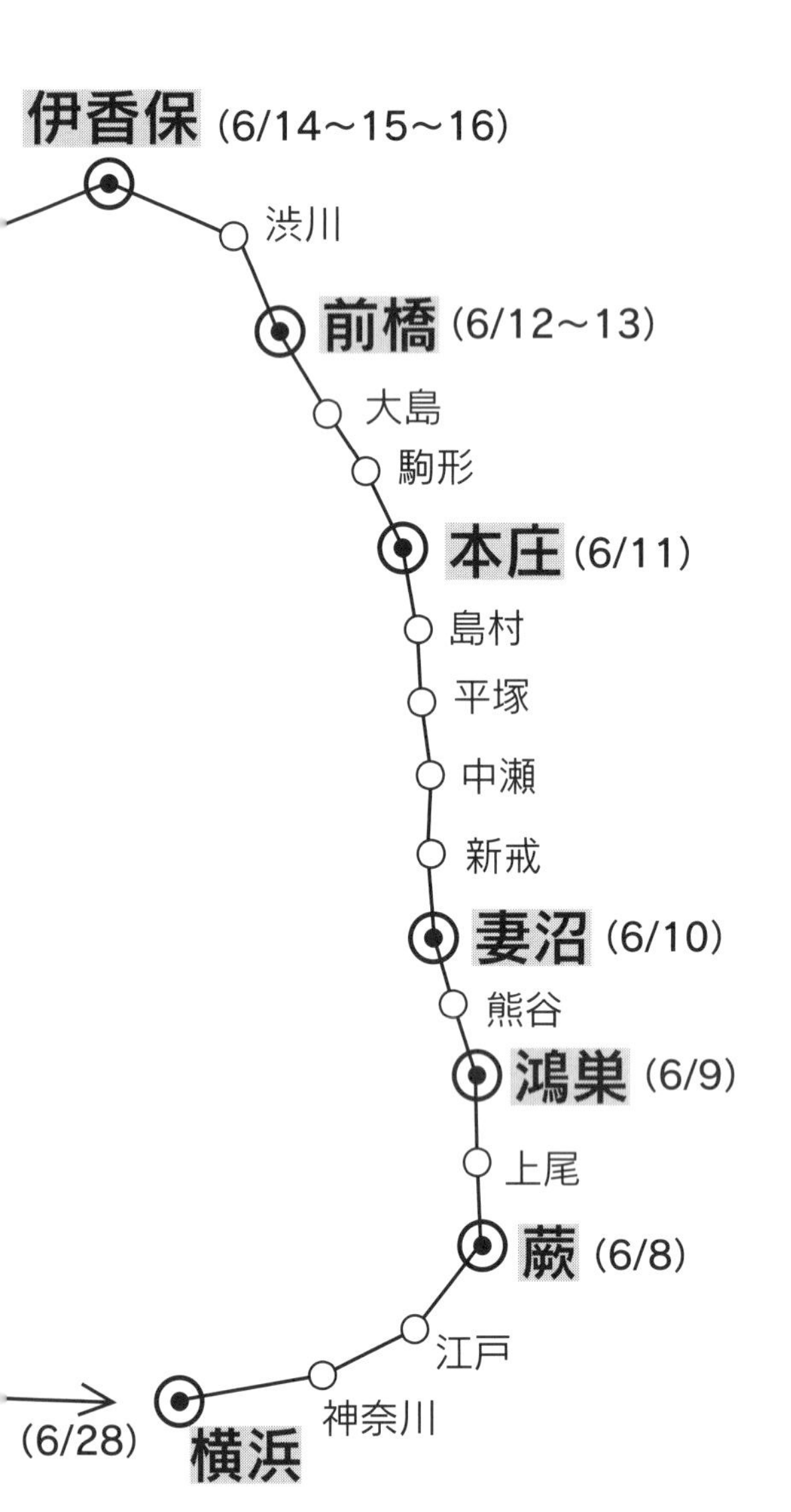

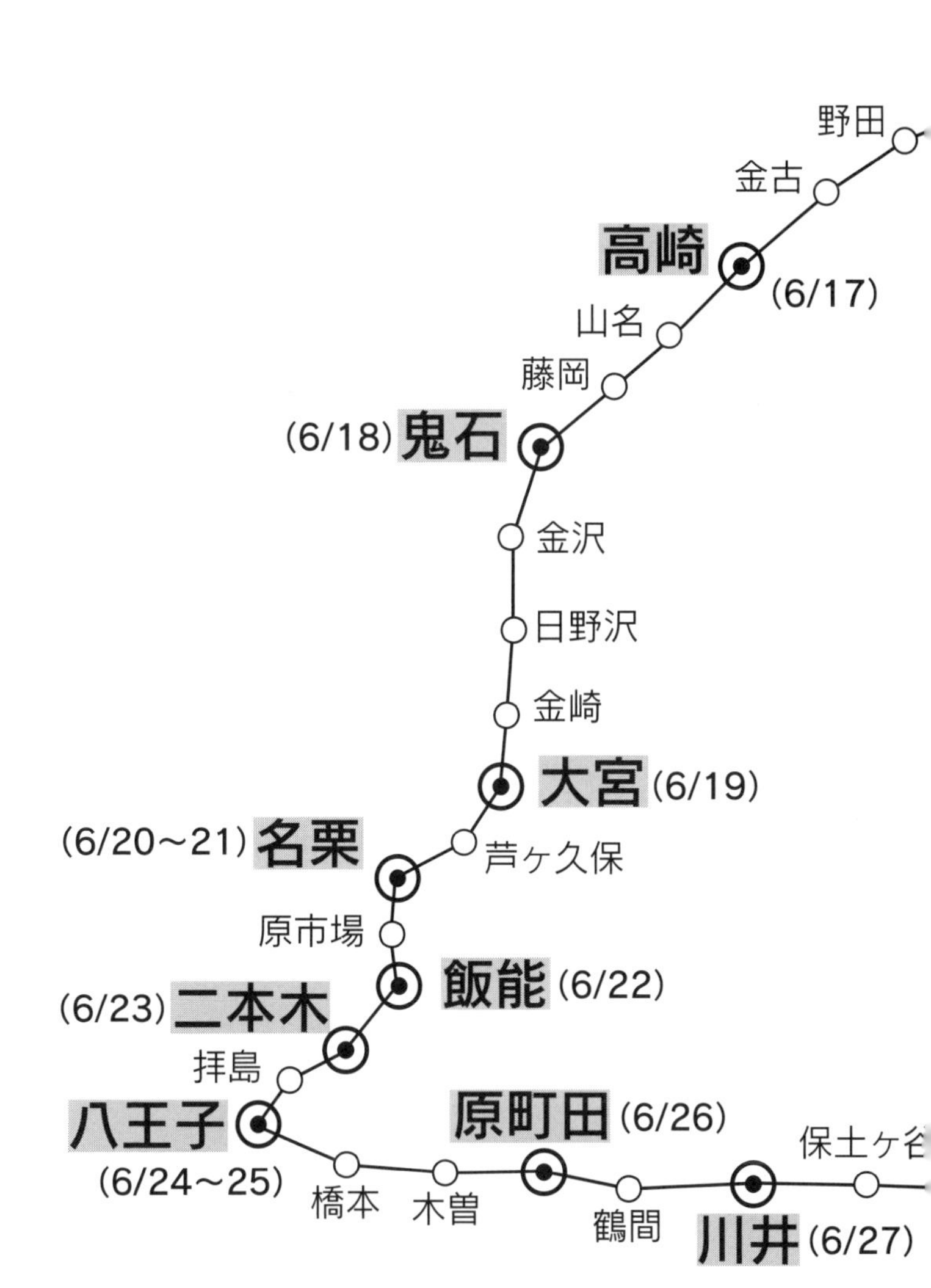

野田
金古
高崎
(6/17)
山名
藤岡
(6/18) 鬼石
金沢
日野沢
金崎
大宮 (6/19)
芦ヶ久保
(6/20～21) 名栗
原市場
飯能 (6/22)
(6/23) 二本木
拝島
八王子
(6/24～25)
橋本
木曽
原町田 (6/26)
鶴間
川井 (6/27)
保土ヶ谷

目次

はじめに

明治2年（1869）6月、上州国・前橋に馬に跨った2組の外国人視察団が相次いで乗り込んで来た。まず最初に姿を見せたのは、横浜に赴任していた伊太利亜（イタリア）の初代公使のヴィットリオ・サリエ・ドゥ・ラ・トゥール伯爵とその夫人ら7人の一行。初めて目にする西洋人の出現に、前橋藩では急ごしらえの西洋式ベッドや椅子を用意したり、町内の製糸場を案内したりで歓迎に大わらわだった。

維新が実現したとはいえ、すべての諸改革が一気に進んだわけではない。日本全国にまだ徳川幕藩体制の各藩がそのまま存続・割拠し、知藩事に任じられた旧藩主がそれぞれ独立の藩政を行っていた。廃藩置県の断行によってこうした分権的な藩体制が解体し、真の意味で統一的な中央集権国家が成立するのは2年後の明治4年7月になってからである。

「異人さん」の姿はよほど珍しかったのだろう。当時売り出された錦絵（群馬県立文書館所蔵）によると、東京府から護衛の騎兵16人、歩兵20人、それに出迎えた前橋藩も護衛

80人を動員するなど総勢120人という物々しさだった。ユネスコの世界遺産に登録された富岡製糸場が開場する3年前のことであり、攘夷の空気もまだ色濃く残っている中で、危害を加えられる恐れがある外国人に内陸旅行の許可が出たのは日本全国でも初めてのケースだったという。

これに半月ほど遅れる形で、今度はイギリスのハリー・パークス公使から調査を命ぜられた別の外国人一隊が同じように乗馬姿で中山道を北に向かった。公使館書記官のフランシス・アダムス率いる5人の養蚕地帯視察団である。一行はこの現地視察によって日本の製糸技術が未発達のため大量の繭が無駄になっていることを確認した。

同行者の中にはフランス人のポール・ブリューナの名前もあり、翌3年にも再度、上野・信濃の一帯を視察している。言うまでもなく、当時30歳の若年者ながら世界遺産に登録された富岡器械製糸場の建設を全面的に任された敏腕の生糸検査技師であるが、この時点ではよもやわが国の国運をかけた大事業に深く関わるようになるとは思ってもみなかったに違いない。それにしても、なぜ横浜にいた先進各国の人々がこの時期、関東の最北端まで競うように押し掛けたのであろうか。

イタリア人一行は伯爵、同夫人、公使館の書記官だったフランチェスカ・カルヴァーニャ男爵、さらにプラート・エルネスト、同メアッツア・フェルディナンドら蚕種商3人が随行。そして記録係のピエトロ・サヴィオの計7人と中山という名の日本人通訳。横浜から東京に出て中山道沿いのコースをたどり道中、農家の蚕室を訪ねたり、養蚕農家の構造に目を向けたり3週間にわたって自分の目で鋭い観察を重ねている。

だが、そこは何といっても『東方見聞録』（1298年）を生んだ冒険好きのイタリア人。24年間にわたってアジア各地を旅行し、日本をジパングの名で西欧に初めて紹介したヴェネツィア商人のマルコ・ポーロの末裔でもある。折から梅雨期に入って土砂降りの雨に馬の足を取られ、四苦八苦するなど今では考えられないような苦労を重ねながらも全くへこたれなかったようだ。

折も折、イタリアやフランスでは1854年から蚕の伝染病（微粒子病）が蔓延し、1865年には主要産業であった養蚕の生産高が最盛時の6分の1となるほど著しく減少した。このため無毒であった日本の蚕種が強く求められ、密貿易も跡を絶たなかった。2008年には当時の密貿易の様子を描いた5か国合作映画「シルク」も制作されているので観た人もあろう。このラブ・ストーリーにも出てくるように養蚕の掃立種である蚕種（蚕卵紙）を製造するわが国の蚕種業は幕末から明治初期にかけて飛躍的に発展、徳川幕府はそれまで禁止していた蚕種輸出を慶応元年（1865）に解禁している。

記録係として随行したサヴィオ（1870年に母国で旅行記を出版）によると、「前橋（Mybashi）は上州国の養蚕の一大中心地であり、大部分の零細養蚕家は生産品を携えて江戸、横浜の代理人に売る」とあり、見学した中村屋正造経営の前橋最大の製糸工場では「初歩的な道具を使っているが、生糸生産の完璧さを目の当たりにして、驚嘆以外の何ものでもない」と記している。また市内を横断する広瀬川河畔の零細製糸場で糸挽きの様子を見分して「殊の外珍重のよし申候」とも述べている。

一行は足掛け3日間の前橋滞在のあと渋川を経由して伊香保温泉で身体を休ませ、乗馬を休息させたあと、お隣の高崎藩も訪問。初めて外国人を迎えた各地で人々の注目を集め、「道中見物人群集す」などと、沿道の町民の驚きを伝えている。

公使らは歓迎を受けた前橋藩で製糸の機械化をアドバイスしたに違いない。前橋藩は視察の翌明治3年、イタリアから水車式の製糸機械を取り寄せ、スイス人技師ミューラーを招いて日本最初の洋式器械製糸場を開設した。政府が殖産興業の掛け声の下、富岡製糸場を建設して本格的に生糸の大量生産に取り組み始める2年も前のことである。また、明治政府が富岡に官営製糸場を造るに至ったのも、ドゥ・ラ・トゥール伯爵らのすぐあとにやって来たフランシス・アダムス英国書記官らの視察団が「器械製糸の導入」を提案したことが直接のモチベーション（動機）となっている。欧米人による2つの養蚕地視察はわが国製糸業のその後の隆盛に大きな影響を与えたといっていい。

ピエトロ・サヴィオは旅の全行程を日々書き留め、「わが国イタリアの絹産業に益するところになればとの願い」から、翌1870年、『日本の内陸部と養蚕地帯におけるイタリア人最初の調査旅行』（岩倉翔子訳）という表題で36章（序文を含む）に及ぶ日記風の旅行記を発表した。21日間にわたる詳細な旅の記録である。

明治2年（1869）6月8日、横浜を出発して、同月28日に横浜へ帰るまでの主たる歴訪地と騎乗距離は次の通り（1日の騎乗距離＝単位は里）。

▽6月8日（11里）　横浜発、神奈川、江戸、蕨（泊）
▽6月9日（7里）　上尾、鴻巣（泊）
▽6月10日（7里）　熊谷、妻沼（泊）
▽6月11日（10里）　新戒、中瀬、平塚、島村、本庄（泊）
▽6月12、13日（7里）　駒形、大島、前橋（2泊）
▽6月14、15、16日（8里）　渋川、伊香保（3泊）

▽6月17日（8里）　野田、金古、高崎（泊）
▽6月18日（7里）　山名、藤岡、鬼石（泊）
▽6月19日（7里）　金沢、日野沢、金崎、大宮（泊）
▽6月20、21日（9里）　芦ヶ久保、名栗（2泊）
▽6月22日（5里）　原市場、飯能（泊）
▽6月23日（4里）　二本木（泊）
▽6月24、25日（5里）　拝島、八王子（2泊）
▽6月26日（5里）　橋本、木曽、原町田（泊）
▽6月27日（2里）　鶴間、川井（泊）
▽6月28日　保土ヶ谷、横浜着

わが国がイタリアと国交を結んでから150年。両国は平成13年（2001年）には「日本におけるイタリア年」を祝い、また昨年は150周年を記念して各地で多くの周年事業を展開しているが、幕末から始まった近世の幅広い日伊交流史が最初はこうして養蚕・生糸貿易からスタートしたことを知る人は少ない。

1861年に念願の国家統一を成し遂げたばかりのイタリア（伊太利亜）が日伊修好通

商条約を締結してわが国に通商を求めてきたのは1866年8月25日。このとき既にアメリカ、イギリス、フランスなどの西洋列強は徳川幕府と条約を結んで大々的に貿易を進めていた。その中でイタリアの動機が蚕卵市場にあったことは明白で、蚕種（サンシュ、またはサンタネ）はコメ一升が7～8銭の時代に1枚4～5円という破格的値段で取引された。日本にとってもヨーロッパからの需要増大は大きな収入源となり、イタリアとの貿易は多い時で日本の輸出額の2割にも達するほど多額に上った。

糸の町・前橋と輸出港・横浜を繋ぐ街道は、徳川時代末期から明治にかけて生糸輸出のためのシルク・ロードとして日本経済の近代化に大きな役割を果たしてきた。道中で見た日本の農村で人々はどういう暮らしをしていたのか。養蚕の視察に出かけたのだから、各地でどのように蚕を育て、大事にしていたのかが詳しく綴られているのは当然として、各藩を支えていた米作の仕組みや生産のやり方に関しても目が向けられている。当時の農民たちが何に興味をもっていたのか、途中で見たものを率直に記していて、活き活きとした魅力にあふれている。

旅行記は当時イタリアでベストセラー級の評判となり版を重ねたという。なお、この旅行記を平成18年（2006）に翻訳し『就実大学史学論集』の中で発表した岩倉翔子氏は、維新十傑の1人、岩倉具視公爵の5代目の子孫にあたる故岩倉具忠氏（元京都大学名誉教授）の夫人で元就実大学教授である。残念ながら平成28年5月に79歳で逝去されたが今回、本書を出版できたのは同教授の論文の使用を快く了解してくれたご遺族のお蔭である。日伊関係向上に尽くされた故岩倉教授の生前の業績に深い敬意を表し、衷心よりご冥福を祈る次第である。

それではサヴィオの残した道中記を辿りつつ、当時の日本、とりわけ養蚕業に力を入れていた関東諸国の人々がこの珍客をどう迎え、対応したのか、その模様を見ていくことにしよう。伯爵らの旅日記は横浜を出発してから江戸を経由して、次のように始まる。

I

いざ出発〜シルク・ロードを遡って

序文

在日イタリア政府代表ヴィットリオ・サリエ・ドゥ・ラ・トゥール伯爵は、日本の内陸部住民の養蚕状況を把握・研究したいという多くの人々の要望に応えて、上州国への調査団派遣を計画しかつ実施した。上州は、近年日本人自身によっても品質がきわめて高く評価されている産卵台紙［蚕卵台紙・種紙］（以降［ ］内は訳者の加筆）を大量に供給してきた土地柄だからである。伯爵の調査団派遣事業に横浜在住のイタリア人と同地に蚕種の買い付けに来ていたイタリア人数名の業務が結びついたものであった。

ピエトロ・サヴィオによる旅行記はまず伯爵の旅行目的が養蚕事情の視察であると記したうえで、こうした書き出しで始まる。日本の内陸部の養蚕事情を知りたいという要望は、イタリアの本国並びに蚕種商人からの強い要請に基づくものであろう。特に上州（群馬県）は良質の蚕種を生産する土地として有名だったに違いない。続いて調査団の構成に触れているが、とりわけ伯爵夫人が同行したというのは勇気ある行動として特筆される。

事実、視察団の構成は、イタリア公使ドゥ・ラ・トゥール伯爵、公使館書記官ガルヴァーニャ男爵、プラート・エルネストとメアッツァ・フェルディナンドの両氏からなり、私もまた参加の栄に浴した。

ドゥ・ラ・トゥール伯爵夫人は、こうした長途の旅の不便や困難さに臆することなく、視察団長の夫に同伴することを望んだ。かの女の繊細な態度や心の優しさが、こよなく調和した、勇気ある気質の証しとして示されたのであった。

ドゥ・ラ・トゥール公使から課された任務の遂行に加えて、私の特別な気苦労は、旅の全行程を通じて観察した次第を日々書き留めておくことであった。これらの記録に視察団員諸氏が知らせてくれた他の情報を加えて、旅行の詳細な概要をまとめようとしたのは、ほかならずわが国の絹産業に益するところとなればとの希いからである。

ピエトロ・サヴィオ

明治2年6月8日（旧暦4月28日）

一行の準備と出発

日本帝国政府は、ドゥ・ラ・トゥール伯爵からの通知を受けて、われわれがまさに赴こうとしている外国人未踏の地方への旅路での不便と危険を、少しでも軽減するのに有効な措置を講じようとした。必要な準備万端が整ったことを確認した上で、1869年6月8日午前7時、横浜を発って海路神奈川に向かった。そこには護衛とわれわれ用の馬の手配がされていて、江戸に向かって進んだ。横浜と江戸の道半ばで東海道に位置する川崎という大きな村の近くを流れる多摩川の向こうでは、全道中を通じて一行の護衛役の馬に乗った16名の人員に、さらに20名の小銃で武装した歩兵隊が加わった。

だが宿泊予定地の蕨に到着するためには、その日のうちに11里（約44キロメートル）を消化しなくてはならなかったので、ドゥ・ラ・トゥール伯爵は旅をさらに迅速に進めるためには、東海道沿いの所々に引き継ぎとして配置された徒歩の護衛者同様に多摩川にいた人々にも暇を取らせる方が好都合だと思った。その後、道中をかなり進んで、正午に江戸の公使官邸で馬を下りた。官邸ではドゥ・ラ・トゥール伯爵から懇ろに歓待された。しばらく休憩し元気を回復したので、午後4時に再び鞍に跨った。日本橋を渡り、中仙道をとって6時に板橋に到着した。戸田川を渡って7時に蕨に着いた。蕨は人口2500人の村で、この地域では大量の雑穀・米・大豆・棉を栽培している。綿糸は住民用に蕨の地元で織って染色される。

この旅の主人公は慶応3年（1867）イタリアの初代公使として横浜に赴任して来たヴィットリオ・サリエ・ドゥ・ラ・トゥール伯爵である。西ローマ帝国の没落後、小都市国家の乱立が続いたイタリアは1861年、ようやくイタリア王国が誕生、さらに普仏戦争を経て70年に統一を完成した。伯爵は王国の外交官として70年まで3年ほど滞在した。

伯爵は明治2年（1869）6月9日、同夫人、公使館の書記官だったフランチェスカ・カルヴァーニャ男爵、さらにプラート・エルネスト、同メアッツア・フェルディナンドの蚕種商人2人、そして記録係のピエトロ・サヴィオと中山譲造という名前の日本人通訳の計6人を伴って、上州（群馬県）の養蚕事情を調査する3週間の旅に出た。イタリア本国から日本の養蚕事情を調査すべし、との指示が送られてきたのであろう。錦絵の説明にはもう1人、ビヤッティという名前もあるので、江戸でもう1人生糸検査人が加わったのかも知れないが、これは現代でもアメリカ大統領や日本の首相が外国訪問に際して経済界の首脳を同行するのと同じたぐいである。

明治初年の当時、イタリアからは毎年、50～60人の蚕種商人が来日していた。これらの商人は、日本の優秀な蚕種を買い付けて壊滅状態に陥っていた本国の養蚕を助けようというものだったが、いずれも活動範囲が横浜から半径10里以内という周辺に制約されていたため、こうした養蚕地帯視察の旅に参加できることは彼らにとって千載一遇のチャンスとなったに違いない。

このほか随伴者として、先頭に立って先払いの仕事を務める男が4人以上、先導の役人が6人から20人、別当（馬丁）7人、通訳、騎馬の役人16人、その別当が16人、複数の人足、料理人、下僕などで行列が形作られていた。

ただ、時はユネスコの世界遺産に登録（２０１４年）された富岡製糸場が開場する3年前のことであり、攘夷の空気がまだ色濃く残っていた。異国、異人とは是すなわち排斥するべきものだ、と頑迷に信じ込んでいた輩が多くいた。鎖国で平穏が保たれていた日本をわけのわからない異人たちにかき回されてたまるか、と息巻く視野の狭い風潮が広がっていたのである。

夷狄（いてき）切るべし、との単純な排外主義が広がったのは横浜開港後のことで、異人切りの最初は安政6年（1859）7月のロシア士官殺傷事件だった。食糧を仕入れるために横浜に上陸していたロシア士官ら3人が突然武装した日本人に襲われ、めった切りにされたのである。万延元年（1860）にはプロシア公使館員ヒュースケンが暗殺された。

また、文久元年（1861）にはイギリス公使館（東禅寺）が水戸浪士十数人に襲撃された。翌文久2年（1862）には薩摩藩の島津久光の行列前を横切ったイギリス商人らを家来が殺傷する生麦事件も起きている。このためイギリス公使館通訳だったアーネスト・サトウは「外国人居留地の境界外に出る場合には、誰もが常に連発拳銃を携帯し、夜は枕の下に入れて寝ていた」と述べている。

このため、外国人が自由に動き回れたのは横浜から半径10里（40キロメートル）以内と定められていた。だから公使一行が関東地方の奥深くまで内陸旅行を許可されたのは日本全国でも初めてのケースだったという。

旅行を許した以上、日本政府は公使一行の身の安全を確保する立場から、全道中を通じて16名の騎馬兵と小銃を背負った20名の歩兵を護衛役として張り付けた。また、公使らの出発に先立って、通過する村々に厳重な護衛を用意するよう指示も出した。

日本側の記録（「駅逓明鑑」第12篇外国人旅行ノ部）を見ると、明治2年4月26日（太陽暦6月6日）付の文書で、

「伊太里国公使廻村ニ付御掛合之趣致承知、中山道、東海道筋之儀ハ当司ヨリ相達置候得共、脇道之儀ハ当司関係無之場所ニ付、附添ノモノヨリ其村々エ掛合候様御取計可被成候。此段御挨拶及ヒ候也。　巳（明治2年）4月26日　駅逓司」

「別紙之通伊太里公使並ニ附属之外国人七八人、来二八ヒ出立ニテ横浜ヨリ夫々回村之儀相願候ニ付、差免候。就テハ右宿駅ニ於テ人馬駕籠等相当ノ賃銭受取之、員数ハ彼ノ望ニ任セ、差支無之差出候様急速御用達可有之候。依テ此段及御達候也。外国官」

現在人口370万人を超えるわが国第2の大都市横浜も江戸末期には農家や漁民の家がわずかに村を形づくっているだけの淋しい漁村だった。東海道53次の3番目の宿場として栄えていた神奈川宿からは南に離れており、ひとの往来もほとんどないわずか人口100人ほどの寒村に過ぎなかったのである。

io della città di Yokohama.

明治時代初めの横浜（銅版画挿絵 43 枚の一部）

安政5年（1858）6月、日米修好通商条約を調印した幕府は、続いて翌7月オランダ、ロシア、イギリスと、9月フランスと、それぞれ条約を調印した。これらは5箇国条約とか、安政の仮条約といわれており、条約では「神奈川」を開港すると定められた。幕府が敢えて神奈川宿から離れた場所に開港したのは、外国人居留地を遠ざけて入港する外国人と街道を通行する日本人とのトラブルを避けようとの思惑があったためで、神奈川宿の対岸にある横浜村に港湾施設や居留地が造られたのである。

翌6年（1859）6月2日（新暦の7月1日）から貿易が開始される約束なので、急いでその施設を整備する必要に迫られた。同時に貿易港となる箱館・長崎はすでに開港していたので、横浜はまったく新しく町造りを行わなければならなかった。

横浜村は幕府が設置した運上所（税関）を境に、以南を外国人居留地、以北を日本人居住区とした。境界には関所が置かれ、外国人居留地側を「関内」、それ以外を関外と呼んだ。関内にはイギリス、フランス、ドイツ、アメリカなどの外国商館が立ち並んだ。今も名所となっている横浜中華街は、関内に形成された中国人商館を起源としている。

開港の際、最初に商館を設置したのがイギリスのジャーデン・マゼソン商会である。早くから清国との貿易を始めた有力商社だ。次いでウオール商会（アメリカ）、デント商会（イギリス）などが続き、初年度はイギリス5社、アメリカ1社、オランダ1社が開業した。これに呼応する形で、関東近県の売り込み問屋が次々と横浜に赴き、店舗を構えた。その数は数年間で300軒に達し、寒村は瞬く間に繁華街と化した。

現在の横浜スタジアム（横浜公園）のある場所には港崎遊郭という一大歓楽街が造られた。隣の神奈川宿から飯盛女を一部強制的に移動。万延元年に500人程度だった遊女は5年後には千人と倍増、その繁昌ぶりを示している。

横浜がその後日本の表玄関としてめざましく発展していったのは、生糸の輸出港としての役割があったからである。生糸を扱う外国商館とそこに生糸を売り込む日本の商人がまず居を構え税関、銀行、倉庫、生糸検査所などの施設が次々と整備された。生糸は万延元年には輸出総額の66パーセント、文久2年には86パーセントを占めた。

輸出先としては明治初期まではイギリスが50パーセント近くを占めて圧倒していたが、明治2年（1869）にスエズ運河が開通すると貿易船は地中海を経てフランスのマルセイユ港に入り、リヨンが生糸取引の中心となった。さらに、明治13年以降はアメリカが輸出の半分以上を占めるようになっていく。

公使一行は神奈川で用意された馬に跨り、待っていた護衛とともに一路江戸へと進む。

神奈川は東海道の海沿いの長い宿場町で、海側には茶屋が軒を並べて酒や肴を売っていた。

公使一行は起点の江戸日本橋を出発して板橋宿から2里10町。中山道が荒川にさしかかると現在は戸田橋が架かっているが、江戸時代には橋より下流100メートルほどの場所が戸田の渡船場であった。一の宿である板橋からの距離は8・9キロ。二の宿である蕨宿には本陣2軒、脇本陣1軒と旅籠23軒があり、江戸を目指して西からやって来た旅人は、戸田川が増水して渡し舟が出ない時はやむなくこの宿に泊まった。

公使一行はこの日、横浜を出発して神奈川―江戸―蕨と走破、横浜と江戸の間が直線距離で20キロほどだから、初日の走行距離は11里、ざっと40キロ程度だっただろうか。

公使一行が蕨宿のどこに泊まったのかは残念ながら記されていない。多分、2軒ある本陣のどちらかに宿をとったのであろう。中山道商店街を進むと、西側に蕨本陣跡のモニュメントがあり、蕨市立歴史民俗資料館が建てられ、中山道と宿場の状況が細かに復元されている。

6月9日（旧暦4月29日）

翌6月9日は、どしゃ降りの雨にもかかわらず午前10時にふたたび歩を進め、午後2時に上尾に着いた。上尾は人口わずか1200人を数えるに過ぎないが、村はひじょうに規則的な造りで、きわめて広い道路1本が真っ直ぐ貫通している。各地区とも、日本のすべての町村と同じように、地区の長が監視する木戸で閉ざされている。折から田植えの最中であった。米の他に、大量の大麦・棉・隠元豆を栽培している。

一向に止まない雨もその日予定した目的地到着の妨げとはならなかった。強風に煽られてところかまわず滲み込み、雨具にまで達する雨水を少しでも防ごうとして、日本製の油紙を十分に買い込んだ。この油紙を使って人によっては大きな頭巾にしたり、または脛当てにして、また靴を覆う者もいれば、腕を包む者もいて、午後3時には上尾を出発した。ほとんど奔流と化した道路を歩む哀れな馬の労苦ははなはだしく、かろうじて進めるという有様であった。四苦八苦の末、8時頃鴻巣に到着したが、全体でわずか7里を進んだに過ぎなかった。

前日、江戸から板橋まで随伴した警護の歩兵隊に代わって、特に案内役としての文官の一隊がやって来た。この一隊は村毎に交代した。地方政府はすでに数日来、通り道となるはずの道路沿いに、イタリア公使の通行を予告しておいたので、至る所で当局側さらには民間側からも最高の歓待を受けた。

蕨を出発。上尾までは何とかたどり着いたが、時は6月。田植えの季節である。朝から土砂降りの雨。梅雨時に入っていたのだろう。一行は降り続く雨の中、午後2時には上尾へ。街道は泥濘(ぬかる)みとなり、公使らは悩まされた。一行は上尾で大量の油紙を買い込み、雨除けの頭巾にしたり脛あてにして雨水を少しでも防ごうと試みながら夜8時ごろにやっとのことで鴻巣に着いた。

埼玉県内を通る中山道の宿駅は南から蕨、浦和、大宮、上尾、桶川、鴻巣、熊谷、深谷、本庄の9宿である。各宿場には明暦元年(1655)より、伝馬役として人足50人と伝馬50匹を常備するよう定められた。

東海道は一級国道というべきものなので、宿立人馬は一宿に100人・100疋。これに対し、中山道はその半分、日光・奥州・甲州の三道中はさらに減って25人・25疋が定数である。三級国道といった扱いといえよう。

伝馬とは公的な官吏の旅行や物資の輸送に備え、街道の宿駅に置いた乗り継ぎ用の馬のこと。交通量の増大に伴い伝馬が不足するようになると、周辺の村々に助郷役が課された。街道を運ばれる荷物は、宿継ぎといって一つの宿場がくれば必ず馬を継変えねばならなかった。例えば、神奈川の宿の馬は、上りは保土ヶ谷の宿まで、下りは川崎宿までがその輸送範囲で、保土ヶ谷を越えて戸塚まで荷物を積み通すことは固く禁じられていたのである。

近代になって国鉄（現ＪＲ）高崎線が開通すると、本庄、深谷、熊谷、鴻巣、大宮周辺には大規模な製糸工場が立ち並び、中山道周辺の地域は勃興期日本経済の先進地帯となった。

二の宿（蕨）から三の宿（浦和）、四の宿（大宮）、五の宿（上尾）、六の宿（桶川）と来て、ようやく七の宿（鴻巣）である。蕨から上尾を経て鴻巣までは7里の距離である。

道中での一行の配列

道中での一行の順列と随伴者の配置は以下のように定められていた。

行列の先頭をきって、道路を一掃させる役どころの2人ないしそれ以上の数の男たちが、誰彼を問わず土下座するように大声で叫び、「下にいろ」の一言で脱帽させる。それから箒を持った別の2人の男がやって来て、行列の通行が予定された道を掃き清める。次いで、発着の場所によって異なるが、6名から15名ないしは20名の先導の役人、われわれの7人の「別当(馬丁)」、次にドゥ・ラ・トゥール公使と伯爵夫人、ガルヴァーニャ男爵と調査団員の順である。さらにその後に続くのは通訳、日本人役人とかれの率いる15名の騎馬の護衛とかれらの別当16名。補給物資と旅行用荷物を積んだ5頭の馬には特別な役人1名が付き添う。勝手道具の

Un governatore giapponese

入った大きな竹籠は4人の男が運び、数々の籠と箱は一本の棒〔天秤棒〕の両端に吊して男が肩に担ぎ、最後に料理人、下僕、予備として連れて行く数頭の馬の順である。

各村の門口には、ただ単に通過するだけであっても、イタリア公使を出迎えるために正装した地方の当局者、さらには2人もしくは4人の男がいた。男たちは輪の下がった鉄棒を手にして地面を引きずって、たいそう鋭い音をたてていた。かれらはわれわれと合流して、村の反対側の門であろうと、公使と調査団員の宿舎に定められた屋敷であろうと、随伴してくれた。「本陣」と称するこれらの屋敷は、大名が旅をする際の大名専用のものである。

日本政府は、われわれの道中の不便さを軽減すべく最大限の配慮をしてくれて、いくつかの休憩地では白木の机とベンチを作らせて、敷物や刺繍入りの絹の座布団さえ具えさせた。宿泊場所にはわざわざ厩舎が設けられ、馬の飼料が不足することさえ全くなかった。ただし、山中の村落ではひじょうに遠方まで調達しに行かなければならない場合もあったが。

さて、9日は大雨降りの一日であったが、ドゥ・ラ・トゥール伯爵は自分に会いにやってきてはお供をする村々の当局者に対して、そうしたご配慮には感謝するが、儀礼はご無用に願いたいと言ってもらうのが妥当だと考えた。だが、公使の人間味あふれる意思表示にどうしても屈しようとしないで、荒れた天候にもかかわらず平然と相変わらず脱帽して地面に平伏し挨拶をし続けた。

一行の鴻巣到着

すでに突然夜の帳が下りて殊に空は厚い雲で覆われていたので、鴻巣到着はある一つの効果に欠けてはいなかった。村の門口には役人に加えて、長い柄の付いた大きな灯や手燭を持った大勢の人々が集まって来て、行列に合流するかたちになった。折も折雨は小降りになった。われわれが通って来た広い道路は色とりどりの提灯で煌々と照らし出され、群集はひしめき合い押し黙ったまま道の両側の地面にひたすら頭を垂れていた。

この地でも他のいずれの村でも、われわれが通る日は大きな慶事の日といえた。祝祭の機会に日本人が着用する習わしの華美な衣服が、このことを物語っていた。しかし日本人は祝典に際してヨーロッパのように店を閉めることを決してしないで、ただ売買をさし控えるだけである。—ごく自然なきわめて強い好奇心に駆られて、外国人をはじめて目の当たりにした民衆の心は動揺していた。公使がさまざまの町や村で、なにか関心の向いたところを訪ねようとして徒歩で出かけると、大勢の人々に取り巻かれた。どこへでも公使につき従って行く護衛にとっての唯一の任務は、群衆が公使のまわりに近寄りすぎるのを防ぐことであった。—われわれは用心のために自前のリボルバーを持参してきていたが、江戸の外に出るとすぐにそれが無用の長物であることを悟って、旅行鞄の奥底深くにしまい込み、その代物(しろもの)は道中ずっとその場所で眠っていたのである。住民は敵意を抱いていないばかりか、どこで行き会っても、すべての階級の人々に温和な性格や上品な物腰、ありとあらゆる種類の思いやりが具わっていて、これこそ日本人の人種的な特徴以外の何ものでもないのである。

鴻巣の人口はわずか1200人を数えるのみで、産物としては多量の紅花、米、雑穀、棉が挙げられる。しかしこの地域では、われわれが見たい最大の関心事にほかならない蚕がまだ飼育されていないので、一晩だけしか泊まらなかった。10日午前9時、妻沼に向かった。

江戸時代に旅をする大名の宿泊施設となったのが「本陣」「脇本陣」と呼ばれた特別の旅籠である。旅籠とは本来、馬で旅をするさいに用いた飼い葉を入れておく籠のことであり、馬の飼料を用意して客を待った宿が、すなわち旅籠屋である。今も昔も宿に泊まるのは旅の楽しみの一つだ。ようは食事をして眠るだけのことなのだが、日常生活では味わうことのない興奮や感動まで覚えてしまう。江戸時代、野宿は別だが、ほとんどの旅人は「宿場」と呼ばれる街道筋に整備された町で寝泊まりした。

東海道なら、江戸・京都間が126里余の距離で街道沿いに53か所の宿場があり、その数から『東海道五十三次』と称した。また中山道は江戸日本橋を起点に高崎・木曽福島を経て草津で東海道と合流、全長135里余（約530キロ）で東海道より距離が10里ほど長くなり、69か所の宿場があったので『六十九次』。1日歩いて、日の暮れるころには足や身体も限界となり、休むための施設が必要となる。このため平均2～3里（8～12キロ）の間隔ごとに宿場町が設けられた。体力的に劣る老人や子供の歩きを想定した距離でもあったらしい。

一方、武士の場合は「参勤交代」がその代表である。徳川家康は幕府の中央集権体制を強化する目的で、各地の諸大名を首都・江戸に集め江戸と国元で各1年ずつの在住を原則とした。全国270人の大名のうち245人が参勤交代したが、東海道を使った大名は46人、奥州街道37人、中山道が29人だった。

三代将軍・家光は『武家諸法度』に「参勤作法之事」を定め、これを正式に義務付けた。百万石と称される加賀藩などの参勤交代は2000人〜4000人、馬2000匹もの行列だったというが、石高によって規模の大小はあるものの、一般的には100人から300人ぐらいが普通だったようだ。

本陣とは文字通り、戦の際に大将が陣取る本営。参勤交代は軍隊編成の行軍なので、それが転じて宿泊や休憩のための施設にも本陣の名が付けられた。本陣の建物は門構え、玄関付きの大規模なもので、苗字帯刀を許された町の有力者によって経営された。本陣は大名やイタリア公使のような貴人だけでなく、空いていれば一般人も泊めたようだ。料金は一般の旅籠屋と同じだった。

さて、公使一行の旅は100人に垂(なんな)んとする大名行列のような大部隊であった。このため宿場では大名が利用する本陣に泊まり、本陣がない時には格下の宿には泊まらず、寺院に泊まった。

沿道の人々にとっては初めて見る外国人たち。しかもロングスカートをはいた女性（伯爵夫人）まで含まれていたのだから、驚きだったに違いない。各地で多くの農民らに囲まれたものの、「すべての階級の人々が温和で上品な物腰、思いやりが備わっており、これこそ日本人の特徴だ」と手放しで称賛している。

このため一行はよほど安心したのだろうか。鴻巣宿では、用心のため持参した連発拳銃を無用の長物と判断、警戒心を解き放って早くも旅行鞄の奥深くにしまい込んだと記述している。

6月10日（旧暦5月1日）

ここまで走破した道のりで武蔵国の北部にあたる土地は広大な平野をなし、北に近づくほどますます高くなっていた。正午に到着した町の熊谷の地は起伏に富み、人口3500人を擁する。すぐ近くに丘があり、半円形に位置するひじょうに高い山々の、まるで前衛であるかのように映る。大量の小麦と雑穀、茶、棉、それに稲も少々栽培されている。いくつかの畑の周囲を縁取り、こんもりと茂った桑樹はわれわれの注意を喚起し始めた。それ故何軒かの百姓家に下りて行って、三眠から覚めたさまざまの小規模な蚕の飼育を目にした。

熊谷へ立ち寄り妻沼到着

米の石高10万石の富裕な大名下総守の領地に至った折、大名は熊谷到着の少し手前でイタリア公使を出迎えさせるために、家来の一人（式部官）をはじめ、役人数名と歩兵80名を遣わしたのであった。われわれの通る道から2里あまり離れ、大名の居城のある城下町忍（おし）から派遣されたものであった。かれらに大名屋敷の入口まで案内してもらって、屋敷で数時間休憩した。

豪華さと優雅さが単純さの極みと合体したものにほかならなかった。すなわち、きわめて良質の白い畳が床に敷かれ、芸術的な興趣豊かな絵が部屋と部屋の間仕切り［襖］にくみ込まれ、ヨーロッパでもすでに周知の最高の質の漆塗りの箱と同様に、異なった質の精巧で美の極致の木細工が日本人の手で創出されている。一言で言えば、日本人の富豪の住宅を構成する各部分を、細心の注意を払い、同時に多大な称賛をもって観察した。

式部官はイタリア公使に対して主君からの敬意を表した後、先ほどと同じ部隊を率いて妻沼まで随伴してくれた。妻沼に午後6時着、一日の行程は7里であった。

妻沼は人口わずか１０００人のかなり貧しい村である。だが翌日早朝、大規模に蚕を飼育している近在に赴いた。妻沼には太古の建立になる歓喜院という名の寺があり、ひじょうに高い松の木の密生した林に囲まれている。松林の中には途方もなく巨大な藤の木が四方八方に向かって伸びて木から木へと絡みついている。藤の木の幹の円周は2メートル25センチもあった。

熊谷は、松平10万石の城下。2里ほど離れた忍（行田市）のシンボルである忍城は室町時代中期に地元豪族の成田氏によって築城され、北に利根川、南に荒川の要害堅固な関東7名城の一つである。

余談になるが、天正18年（1590）に豊臣秀吉の小田原攻めに際し石田三成、真田昌幸らの水攻めによって攻撃され開城となった。その様子は和田竜の歴史小説『のぼうの城』に詳しい。徳川家康の関東入部後は忍藩10万石となり、家康の四男松平忠吉―老中・阿部忠秋―らが入り、幕末には伊勢桑名藩主の松平下総守が藩主を務めていた。明治4年（1871）の廃藩置県と同時に廃城となり、第5代藩主忠敬は藩知事を免官となった。

熊谷宿は忍藩領であり、現在の本町には忍藩陣屋跡が残っている。国道17号線（中山道）を直進すると、熊谷警察署前で国道407号線（妻沼太田）と国道140号線（秩父）と交差する。交差点を過ぎて間もなく道の右側に新島の一里塚がある。旧中山道の東側に置かれたもので、樹齢300年以上の欅の大木が立っている。

妻沼の名所は歓喜院(かんぎいん)で、聖天堂を飾る彫刻は有名だ。江戸時代後期装飾建築の代表例であり、旅人は必ずと言っていいほど足を運んでいる。享保20年(1735)から宝暦10年(1760)にかけて、林兵庫正清および正信らによって建立された。聖天堂を飾る彫刻はこれまで知られていた技術の高さに加え、漆の使い分けなどの高度な技術が駆使された近世装飾建築の頂点をなす建物であること、またそのような建設が民衆の力によって成し遂げられた点が文化史上高い価値を有すると評価され、平成24年(2012)国宝に指定された。

日光東照宮の再建(1636年)から100年余り。装飾建築が成熟期となった時代に、棟梁の統率の下、東照宮の修復にも参加した職人たちによって優れた技術が惜しみなく聖天堂につぎ込まれた。これが「江戸時代の建築の分水嶺」とも評価され、江戸時代後期建築の代表例ともなった。

また、一行が目にした藤の大木は「江南の藤」といって樹齢100年を超えるノダナガフジという種類。枝張りの規模は県内でも最大級で35メートル×15メートルもあり、評判となっている。
鴻巣から妻沼までこの日の距離は7里余。

II

いよいよ養蚕地帯へ入る

6月11日（旧暦5月2日）

一行の養蚕地帯到着

11日の早朝、われわれは妻沼を発って主要な養蚕地帯に入ったので、天候が重要な要素になった。中仙道を後にして、当時普請されたばかりの小道や細道を通って、新戒に向かった。黒い実をつけた桑樹（日本だけで知られる種類）が、堀割と畑沿いの農家の周りに所狭しと植わっていた。畑には藍と雑穀が、畝と畝の間には隠元豆がそれぞれ栽培されていた。――8時45分新戒着。

村の門口には現地の役人とともに主要な養蚕家の荒木重平［か？］がいた。かれに伴われて住居部分に赴いたり、広々とした柱廊へ案内されたりした。そこには大きなもうせんで覆われた仮設の卓と椅子が用意され、茶と干菓子や生菓子のもてなしを受けた。荒木重平が息子を連れてやって来て、イタリア公使に挨拶をして、蚕室を訪ねてくれるように懇願した。かれは蚕室でわれわれの各質問に対してきわめて慎重に答えてくれた。

かれが飼育する蚕は当時四眠中であり、1・53×0・9メートルの大きさのござ

３７０枚を数え、ござ各１枚当たりはおよそ千匹に相当した。かれが孵化させたのは産卵台紙８枚分で、８枚から千匹を産出するものとみなしていた。さらに一化性のものは優良で、かれの言うには、これまで死んだ蚕は皆無に等しいとのことである。かれが教示してくれたところによれば、冬季間の習慣的な保存法は、産卵台紙を紙袋に入れて口を閉じないで、悪臭を避けるようにして、特に燈油を点火しない、乾燥した部屋の天井に吊しておくというのである。だが、人によって産卵台紙を湿気を防ぐ木とされる桐で作られた小箱に入れておく者もいた。

かれは蚕種を孵化させるために暖炉も人工的な手法もいっさい用いない。４月20日から25日にかけて自然に起こる現象だからである。したがってその時期の１か月前、吊した産卵台紙を下ろして、ぷつぷつ穴の開いた小箱の中に入れる。ひと月後、小箱を開けて最初に生まれた蚕を取り出し、２日目になってはじめて葉を与えるのは、最初のものを２度目に生まれたのとすべて同じ大きさにしたいからである。

かれが育成する産卵台紙は自身の手で増殖させたものであり、一般に産卵台紙１枚につき蚕約５万匹が獲得できる。給桑は、一齢期には24時間に６回、次いで齢期によって３、４回までである。初期の段階には常時、鉄製の幅広の包丁で葉をみじんに刻む。

蚕の幼虫が徐々に成長すると、ついには小枝付きの葉をかなり大量に与える。当時眠期以前の少数の蚕の給桑現場に立ち会った際、葉が湿り気を帯びているのが観察された、この点を尋ねると、露で若干濡れているけれども無害だ、と主人は答えた。習慣として、酷暑の折には葉に真水を撒くが、雨季や露深い時期には早朝に葉を摘み取り、水切りのために正午まで吊したままにする。

蚕室には華氏の温度計があり、目盛りは日本字で記されていた。64度ある、とのことである。蚕の載っている可動式の蚕棚は竹製で、20から25センチメートル間隔の10段重ねの棚であった。蚕棚の上には稲藁のござが1枚敷いてあり、蚕を載せる前に、ござの上にもみ殻を撒いて薄い層が作られる。もみ殻は排泄物の湿気を吸収するのに適していると思われているからである。蚕の眠期の場合を除いて床は、齢期に応じておおかた目の詰んだ網を用いて毎日取り替えられたが、網方式は日本で大いに普及している。網が蚕棚の上に広げられ葉で覆われると、蚕の幼虫は網目を通って這い上がってくるのである。

もう一つの蚕室を訪ねてみると、産卵台紙7枚が飼育されていた。3日前に四眠期の終わった蚕が270枚の台または棚に置かれていた。飼育家［村岡］嘉平は産卵台紙600枚の生産を期待していた。この齢期には1日に4回給桑する、とかれは言った。このうえもなく清潔でいかなる種類の臭気もなく維持された蚕室では、清浄な空気を呼吸することができた。空気は朝大きな回転窓から入ってきた。温度計はなかったが、日本の一般的な習慣によって、蚕室係の人の体感温を基に温度を調整した。

蚕棚を多数見学して、それらの蚕のすばらしい均等性を目にした。虚弱の兆候を示すものは皆無で、すべての蚕が、数分前に与えられた膨大な量の小枝付きの葉を貪るように一気に平らげた。その後蚕の特別な部分的観察を行って、病気の最小の兆候さえ見られないことが認められた。

この嘉平は常に一化性蚕に与える桑の葉に、酒すなわち米の蒸留酒を吹きかけるが、蚕によっては四齢期に、虚弱と食欲不振の兆候を呈するからである。酒好きの蚕がその液体で少し湿らせた葉をさらに喜んで食べるものと、かれは確信している。日本の養蚕家の間でこれはほぼ一般的な意見である。同様に、人によっては酒の代わりに水を用いるが、猪や鹿の骨を入れて沸かした水だと言われている。ただしこの方法はほとんど用いられない。というのは、たとえ蚕が欲しても、塩分の含まれているものは後になって害を及ぼすと信じられているからである。人により、特に信州で、桑葉ではなく蚕棚の上のむしろにだけ酒を吹きかける。

新戒の人口はおよそ1600人。一般に誰もが育蚕に携わっている。主要な飼育家は10名を数え、そのうち荒木重平、嘉平、ヘーザエモン［?］、ツネエモン［?］、ブンジョオ［?］らが最優秀の者として際立っている。

10時に新戒を発って、半時間余り歩いた後「中瀬」に着いた。家屋400戸と人口1500を擁する村で利根川の左岸に位置する。この急流の広い流域に桑樹が密集して植わっている。見渡すかぎり、他に栽培されているものは皆無に等しい。したがって中瀬の主要産物は生糸、少量の棉と雑穀である。この村の零細養蚕家に加えて、主だった者は［斉藤］安兵衛、河田十郎三［または十郎左衛門か?］ギヘイ［?］である。

ギヘイの蚕室には千のうち一の割合で麹黴病に罹って死んだ蚕数匹がいた。この病気は日本人の間で「硬化病」と呼ばれていて、四眠後症状が現れて体色が赤らみ12ないし24時間後には死ぬ。この病気の原因は、蚕に便秘をもたらす炎症と考えられている。ただし蚕に餌として湿らせた葉を与え、蚕室に十分な空気を送ることで、この病気は避けられる。そのうえ日本ではきわめて稀であり伝染しない。

他のいくつかの養蚕施設も訪れたが、どこでも例外なくすべての蚕が健康そのものであった。その後中瀬を出発した。午後1時に、先端に鉄の付いた竹竿を手に日本人が巧みに操る底の平らな船に乗って、利根川の三支流を渡った。三支流は川幅の総計が2キロメートルと推察され、川床は一つのみで、毎時9マイルの速度で流れている。日本列島最大の川の利根川は、信州と上州の国境をなす山に源を発する。長い流れの間に多数の支流が加わって大きくなった川は太平洋に注ぎ、南側では武州または武蔵と下総、北側では上州と下野と常陸のそれぞれ国境をなしている。これら諸国に源を発する利根川のほとんどすべての支流は、ジャンクで航行できる。利根川から分かれて江戸湾に流れ込む支流を通じて、これらの国々の生産物は日本の主要な商業中心地に運ばれる。

川の対岸を進んで、われわれが通りかかった村は徳川であったが、立ち寄らないで平塚に向かい、2時半に同地に着いた。この地でもまた栽桑が他の何にもまして盛んであった。

平塚で最初に訪ねた蚕室は、［田井部］新七［か？］の所有になり、産卵台紙20枚を飼育し、2千匹の産出を期待していた。

公使一行はいよいよ旅の主要目的である養蚕地帯に足を踏み入れつつあった。新戒では農家の周囲にびっしりと植えられた桑の木を見ながら、早くも数か所の農家の蚕室を視察。「このうえもなく清潔で臭気もなく、清浄な空気を呼吸することができた」と称賛、「どこも例外なくすべての蚕が健康そのものだった」とその様子に感心している。

このあと中瀬に出た一行は舟で利根川を渡った。道中記に記された通り、利根川は群馬県利根郡みなかみ町の三国山脈の一つ、大水上山（標高1840メートル）にその源を発する一級河川。流路延長は322キロで信濃川に次いで日本第2位、流域面積は1万6840平方キロで日本第1位の屈指の大河川である。

「坂東太郎」の別称は、東の諸国を流れる日本最大級の河川だからで、同様に九州地方最大の筑後川は「筑紫次郎」、四国地方最大の吉野川は「四国三郎」と呼ばれている。

前橋・高崎付近まではおおむね南へ流れ、烏川に合流後は東に向きを変えて群馬・埼玉両県境を通過。さらに茨城・千葉両県境を貫通して、千葉県銚子市において太平洋（鹿島灘）へと注ぐ。水源が確定したのは昭和29年（1954）とまだ新しいので、源流が信濃・上州の国境と記されているのはご愛嬌といえようか。

江戸時代以前の利根川は現在の東京湾に注いでいた。治水工事によって流れを東の銚子に向けて変えたのは徳川家康で、江戸を洪水から守り、新田開発を促すなどの理由からだとされる。これを「利根川の東遷」というが、家康の命を受けた関東代官頭で武蔵野国小室藩（埼玉県北足立郡伊奈町）1万石藩主の伊奈備前守忠次が1594年から60年の歳月をかけて1654年に完了した。

一行は徳川を通過して平塚河岸へ。平坦な道である。

余談になるが、徳川というのは利根川の左岸（群馬県側）の世良田のことで、元々は得川村（現尾島町徳川）といい、ここには徳川家が発祥の地としている世良田東照宮がある。本殿、唐門、拝殿は国指定の重要文化財。家康を祭った東照宮を久能山から日光に移したのは、三代将軍家光。徳川家が総額600万両と言われる潤沢な資金をまだ持っていたころで、当時の名匠・名工を総動員して寛永13年（1636）に贅を尽くした日光東照宮を完成させた。

この大改築には1年半の日時と延べ453万人、金56万8千両、銀100貫目、米千石を要した。元禄期に再建された奈良東大寺の大仏殿にしてもその事業費は12万両というから将軍家光の威信をかけた大事業だったことがわかる。現在は世界遺産に登録されているが、家光はその際、２代将軍秀忠が家康が先祖供養のため日光に造営した旧東照宮を、先祖の地とされる世良田に移築した。

家康の代に天下を手に入れた徳川将軍家は、本来その先祖を辿れば徳阿弥という名の全国流浪の遊行僧侶から始まったといわれる。家康の十数代前、室町時代の初めごろ松平郷にやって来たこの僧侶は、松平家に長逗留していたが、そのうち当家の後家さんとできてしまって子が生まれた。その子が、家康の先祖である。

この僧侶はよほど好色であったらしく、隣村の酒井家にも泊まり込んで、そこの後家とも子供が生まれた。この子が徳川家の譜代大名筆頭になった酒井家の祖である。そのため勢力が増すにつれ困ったのが、その血筋。源頼朝、足利尊氏のように源氏の血脈でなければ武門の棟梁である征夷大将軍になれないという先例・不文律があった当時である。家門を飾る必要に迫られたのである。

そこでせめて源平藤橘の四大姓位は手に入れておきたいとして家康の知恵袋である天台宗の僧侶、南光坊天海が目を付けたのが足利・新田の双方の血を引く名門で、義貞没落後の新田荘を支配していた岩松家だ。家康は世良田の新田義重の４男義季（鄒川四郎）の傍流を称して名字を松平から得川に変え、源家康として新田の子孫を標榜した次第。新田氏はのちに足利尊氏との戦いに敗れ、血縁一族は全国各地に散り散りバラバラに四散し、ほとんどが遠く異郷の地に骨を埋めた。

家康には三河をほぼ手中にして朝廷から従五位下三河守の官位を受けるに際しても藤原姓を詐称した前歴がある。それだけ名門好きなのである。新田氏の後裔だという話も全く伝説の域を出ないもので、著しく信用度の低いものといえよう。

系図買いとか偽系図作りは、戦国時代から近世初期にかけて、諸大名・豪族などの間ではかなり流行した。勢力を手にした者が古い系図を求めたのは、自分は単なる成り上がり者ではなく、遠く先祖を尋ねれば、源氏や平氏などの立派な家系にあるということを誇示したがったのである。

以来、徳川家は源氏の棟梁・新田義貞の流れを汲む清和源氏の子孫であるということになった。家康は〝先祖発祥の地〟である世良田長楽寺に寺領120石を寄進、天海を入寺させて再建させた。また、徳川村・世良田村には一切の年貢課役を免除するという保護政策も実施。世良田の東照宮はこうしたストーリーを世間に示すためのモニュメントとなった。また、新田岩松家は江戸時代以降、将軍家に遠慮して新田の代わりに岩松を名乗る。これはあくまで余談である。

一行が徳川に立ち寄ることもなく目指した平塚河岸は、利根川左岸（深谷市）にあった足尾銅山の御用銅の積み出し港。幕府直轄の鉱山として年間1200トンもの銅を産出していたこともあり、代表的な通貨である寛永通宝が鋳造されたこともある。平塚河岸は元禄期以降栄えるようになり、明和4年（1767）には稼働する舟数が40余艘に及んだ。

当時の群馬県における作物の栽培面積をみると、粟（あわ）が6000ヘクタール、キビが3790ヘクタール、ヒエが5000ヘクタール、トウモロコシが72ヘクタール、蕎麦が4400ヘクタール。今は小鳥の餌となっている粟やヒエなどの雑穀を米や麦に混ぜて食べていた。また国産の棉も甘楽郡から新田郡にかけて多く栽培されていた。アメリカや豪州の棉が輸入される以前はこうした外綿が作られており、それで木綿の織物を織っていたのである。

蚕は卵で越冬し、春に孵化して毛蚕（けご）となる。蚕を卵から孵化させて桑を与え、繭を作らせるのが養蚕業であり、養蚕農家の仕事である。春から初夏にかけて行う養蚕が春蚕（はるご）、である。

蚕の卵は桑の葉が芽吹いて幼葉となるころ催青（さいせい）といって青みがかり、孵化する。生まれ出たばかりの蚕は蟻蚕（ぎさん）と呼ぶ。アリに似て小さく黒色だからである。蟻蚕は小さな箒でそっと細かく刻んだ桑の幼葉の上に掃き下ろす。これが掃立（はきたて）で、蟻蚕は細かな幼葉を食べて成長、次第に白色に変色し、幼い蚕となる。

幼蚕は桑葉を食べる「起き」と眠りに着く「眠（みん）」を4回にわたり繰り返しながら成長して「五眠」に入るときに熟蚕となる。4回の休眠を平均すると、三日桑を食べて一日休むというように良く食べては良く眠り、これを4回繰り返しながら60グラムほどの桑の葉を食べて育つのである。

熟蚕は「蔟（まぶし）」の中で2~3日糸を口から吐き出しながら巣（繭）を作り、みずから巣に籠って「上蔟（じょうぞく）」となる。蚕が上蔟の際につくる巣が繭で、繭となるのには春蚕で24日から40日かかる。蚕は三眠起きから四眠、四眠起きから上蔟までの時期に、食欲が旺盛で急成長するから、養蚕農民は一家総出で、一日のうちに3度も4度も桑葉を与える給桑作業（桑くれ）に従事しなければならないし、夜中でも交代で不寝の給桑を強いられるのである。

江戸時代は養蚕と言えば、年に一度の春蚕をさし、稲作などの副業として行った。養蚕のための桑は年貢米の拠出地となる本田畑を避け、畦畔（けいはん）や川端、山間などに栽植した。江戸幕府は年貢を確保するため、桑樹を本業地で栽植することを強く規制したのであった。

夏に行う夏蚕（なつご）、秋に行う秋蚕（あきご）、夏と秋の間に行う夏秋蚕（なつあきご）など、春蚕を含めて年に3度も4度も養蚕を行って均質にそろった繭をどのくらい年に何回出荷できるかが、養蚕農家の勝負どころとなるのは明治時代の半ばからである。大正時代は年3回であったが、現在では年5回出荷できる体制へと合理化された。

養蚕農家が育てる蚕は一代交雑種であり、親の原種より優れた性格をもっている。上簇後、繭の中ではサナギ（蛹）が生きている。だから生繭（なままゆ）である。生繭からは半月ほどで、蚕蛾が繭皮を食い破って発生する。

蚕は「鱗翅目（りんしもく）カイコガ科」に分類される蝶や蛾の仲間で、卵から孵化して幼虫、さなぎ、そして成虫と完全変態する昆虫である。つまり蚕蛾の幼虫のことを蚕という。地球上には870万種の生物が存在する。そのうち137万種が動物で、その70％、約100万種は昆虫だといわれる。残りは哺乳類（約5500種）、鳥類（1万種）、爬虫類（1万種）、両生類（7300種）、魚類（3万3千種）といったところだろうか。哺乳類の人間は、その200倍もいる昆虫から様々な恩恵を受けているのである。

繭皮はほぼ1000～1500メートル前後の一本の糸で出来ている。これが蚕蛾に食い破られてズタズタになっては生糸に紡ぐことが出来なくなってしまうので、天日に干したり、蒸したりして殺蛹し、生繭を乾繭（かんけん）にして貯蔵、出荷する。

蚕室の構造

日本の家屋は木造で一般に平家であるが、蚕室ではやはり木造のもう一つの階が作られている。日本の蚕室は広い一室からなり、住居の階下部分の空間全体を占め、他の家屋から分離している。はめ込み式の大きな二重窓が周囲全体に設けられている。この窓は、一つは木の板戸［雨戸］、他は枠に紙を貼ったもの［障子］で、場合によって取りはずせば、藁葺き屋根を支える木柱だけになる構造である。床は木の板張りで、大部分つやがある。蚕棚は、蚕室の中央にある竹製の固定式の棚の上に重ねて置かれている。ひじょうに高い屋根の構造によって生み出される広々した空間には、屋根の中央に開いた通風孔から入ってくる空気が梁の間を通って流れ込む。この通風孔は風や雨の日には閉めることができる。1階の台所に隣接して板張りの床のない［土間の］一室には、地面から30センチメートルの高さに部屋と同じ大きさの竹製の大網1枚が設置され、その上に桑葉が収納されている。

日本の養蚕専門家［田井部］芳兵衛の報告

新七のところから、蚕の飼育にきわめて精通した芳兵衛の蚕室へと移動した。かれから下記のごとき詳しい情報を得た。

川の流れが変わって打ち捨てられた土地は、桑樹栽培に最良の場所とみなされている。昨年利根川の川床があった場所は大氾濫以後放置されていたので、ただちに桑の木が植えられた。この一件は島村の村役人の長による詳細な報告からも確認された。すなわち、今年上州国の桑樹栽培が大幅に増加している。しかも、たとえ小川近くであっても、処女地は桑樹にとって最高の地である。したがって芳兵衛の考えでは、最良の蚕種は、初期段階において上述の土地で成長した桑葉を餌に育った蚕から発生した蛾の産下したものである。天日で乾燥させた蚕座、草、腐った藁、隠元豆などは桑樹にとって最上の肥料であり、秋に根株の周りの土を耕してから根元に広げて施す。しかもこの時期にはまた必要に応じて組み立てた鋤を使って横根を切り落とし、垂直の根のみを残す。

桑樹の増殖は播種ではなく、取り木による。すなわち春に若枝を長さ30センチメートルほど曲げて土中に埋め込み、秋に地中に埋まっていたところで切断する。芳兵衛は4月の中旬頃産卵台紙を綿や紙の上に広げて、蚕を自然に孵化させる。十分な桑葉が獲れる前に蚕が生まれると、かれは養分として若枝の外側の葉を掌で細かく砕き、篩にかけて与える。この方式を3日間続けて、24時間ごとに5回餌を施す。

初めの4つの齢期中初期段階にかれは常に24時間に6回細かく刻んだ葉を蚕に与える。最後の時期には5回だけ小枝付きのものを与える。五齢期には蚕棚一枚当たり蚕千匹を飼育する。蚕種が良質ですべて必要な管理が行われれば、産卵台紙一枚の蚕は50から55枚の蚕棚を占めるはずである。眠期中以外は、毎日細かい網を用いて蚕座を変える。蚕座用の藁は蚕を暖め過ぎるので適していない。これに反して十分に乾いた籾殻は優れている。「ガッティーネ」の病気は知られておらず、臓器内溢血の発生は稀である。

芳兵衛の意見では、錆病は繭を作ろうとする蚕が下の方の繭の上に落とした排泄物に過ぎない。したがって、日本のほとんどどこでも用いられているように、水平の簇は由々しき不都合を避けるために最適なものとみなされている。平均して、錆病の繭は2パーセントに、同功繭（どうこうけん）［玉繭（たままゆ）］10パーセントにそれぞれ達する。

繭の発蛾の適性を見分けるための検査は繭千に対して一を限度に行われる。繭を切って、蛹が生きていて体に黒いしみがないかを観察する。しみの存在は、蛹の中に蛹を殺す寄生虫の「蛆」が生息し、蛹の代わりに繭から出て、数週間後に蝿に変わることを示すはずだからである。

蚕の上簇から17日後に発蛾する。芳兵衛は、午前8時から正午にかけて蚕蛾を交尾させる。体液の分泌作用が終わった後、暗い場所で水平に置いた厚紙の上に蚕蛾を載せて、厚紙を漆塗の木枠に大急ぎではめ込む。6時間しか厚紙の上に置かないのは、後に産み落とされる蚕種が虚弱で劣った質となってしまうからである。芳兵衛の言うには、1匹の雄蛾が2匹の雌を受精させることはできないが、2匹の雄は1匹の雌を受精させることができるはずである。かれは習慣としてこれをしないが、場合によって首尾よく有益な成果をもたらし得るものと信じている。1枚の産卵台紙製作のために、かれは繭0・5キログラムを用いる。各産卵台紙は平均して繭59キログラムを産出するので、かれは飼育する各産卵台紙当たり産卵台紙100枚を取得する。芳兵衛は今年飼育した産卵台紙5枚で500枚作製できる、と言った。

新七と芳兵衛の蚕室の他にも、各家々で蚕の飼育が行われているのが判り、これら小規模の飼育場のうち数多くのものを見物して、より規模の大きな養蚕施設と同一の方式や管理法、さらには最高の清潔さも確認できた。平塚の人口は３００人で、そのうち蚕の飼育に携わる者が25人を数えた。

それから2本の支流に分かれる地点で再び利根川を渡って、養蚕の一大中心地島村に向かった。この地の蚕種は日本人からきわめて高く評価されている。午後４時ごろ島村に到着した。

江戸時代、利根川を使った舟運(しゅううん)は、上州・江戸間の物資交流をになう大動脈であった。駄馬一頭がコメ2俵を運ぶ陸運に比べ、江戸に下る元船1艘が米１００俵から５００俵を運ぶ舟運は、物資の大量輸送に大きな威力を発揮した。船が離着する河岸は、多くの駄馬がたどる道と十分な水深を持つ川が接合した要地に発達し、群馬県内では40か所を数えた。

その中でも利根川支流の烏川沿いにあった倉賀野河岸は、江戸から上流に遡る元船の終点であった。中山道沿いにあったことから、信濃・越後両国方面から中山道を運ばれてきた物資や、西上州から運ばれてきた物資を江戸に積み出し、江戸から運ばれてきた物資を上州及び信・越方面に送り出して栄えた。

倉賀野は江戸時代以降、中山道から分かれる日光例幣使街道の分岐点であった。例幣使とは朝廷から伊勢神宮と日光東照宮に奉幣使を派遣することをいい、東照宮の権威を高めるため毎年4月17日の命日（家康忌）に行われたため例幣使といった。

例幣使は毎年4月1日に京都を出発、中山道―木曽路―倉賀野―例幣使道―太田―栃木―鹿沼―今市―日光の道順で4月15日到着。島崎藤村の『夜明け前』にも例幣使随員の宿駅における横暴ぶりが記述されているが、困窮していた貧乏貴族の小遣い稼ぎが目に余り、悪評サクサクだったようである。

足尾御用銅の積み出しにあたった平塚河岸は、それが前島河岸に移った元禄期以降、赤城山麓方面から運ばれてきた北上州の物資を積みだす河岸として栄えるようになり、稼働隻数も40余艘に及んだ。上州の各河岸から江戸に船積みされる下り荷は、領主の年貢米が中心で、江戸からの上り荷は領主の公用荷がほとんどであった。

しかし、明治17年に上野・前橋間に日本で3番目の鉄道が開通し4時間余で東京まで運ばれるほどスピードアップすると、これらの舟運は一気に無用の長物となり、鉄道による陸運が流通の主役になった。前橋の生糸も上野を経由して（明治18年に山手線開通）、横浜へ運ばれるようになったのである。

Ⅲ　サンタネの島村

一行の島村到着

当局側からは、これまでの道中と同様に手厚い歓迎を受けた。この地でもまた主人たちが自分たちの蚕室見学のためにできるかぎりのことをしてくれた。主要な養蚕施設は47ある。

公使歓迎の目的で準備された寺で小休憩した後、さる［田島］彌平の蚕室の見学に赴いた。そこでは産卵台紙18枚を飼育し、これをもとに、かれは3千枚の生産を目指していた。しかも蚕千匹から999個の繭をとることさえ夢見ていた。かれのこの確信は、前者の誇張と同様にしても、すでに4日前から上簇している蚕のいる数枚の板で行った実験に基づいていた。――かれの話では、黄色の繭の一化性蚕の小規模な飼育も手がけ、そのうちの四齢期が終わって、他のものから引き離されていた蚕だけをわれわれは見た。

折から給桑が行われていた。多くの女性が蚕棚を独りで引き出し、突出した部分は可動式の台を、他の部分は棚をそれぞれ支えにするようにして、籠に入った桑葉をきわめて敏捷に配っていたが、日本では女性だけが蚕の飼育に携わっている。

それから［関口］嘉平のところに行った。嘉平は島村の住民から蚕の飼育に精通した養蚕家とみなされている。かれは産卵台紙11枚を孵化させていて、これらから1600枚獲得しようと期待していた。すべての養蚕家は大小を問わず一様に蚕の飼育を、寝所ではなく、燈油を燃やさないで、喫煙しないという適切な場所で行っている。どこでもしているように、ここでも日本人は二化性の蚕を少量飼育する習慣があるのは、二化性の蚕が急速な成長をとげるように、一化性のものへ成長促進の作用をもたらすとの確信に基づいているからである。

島村は人口500人で、農産物としてはわずかに小麦と藍が挙げられるに過ぎない。旅行目的に関してわれわれの関心を引くものを注意深く検討した後、この地でも蚕が非の打ちどころなく健康そのものだと確信して、5時半に本庄を目指して出発し、夕方の7時半に到着した。一日の全行程は10里すなわち40キロメートルあまりであった。

前述したように、養蚕業は蚕に飼料として桑葉(くわは)を与えて養い、蚕が巣ごもりする時に作る繭を収穫する産業である。養蚕のスタート作業である掃立後の蟻蚕は細かな幼葉を食べて成長、次第に白色に変色し、幼い蚕となる。幼蚕はおよそ50日の間、4回にわたり眠期を繰り返しながら成長し、五眠に入るときに熟蚕となり、口から糸を吐き出しながら巣を作り、みずから巣に籠って「上蔟」となる。

蚕が上蔟の際に作る巣が繭で、上蔟後の繭の中ではサナギ（蛹）が生きている。これが生繭で、半月ほど経ると繭皮を食い破って蚕蛾が発生する。生まれた雌蛾、あるいは雄蛾の両蛾をただちに交尾させると、雌蛾は排尿ののちに産卵を始める。産卵数はおよそ4〜5百個（粒）、クリーム色でごくごく小さく、柔らかくて潰れ易い。寒い冬を越冬させるのだが、卵のまま持ち運ぶことなどとても出来ないから、一定の大きさの和紙に産みつけさせて固着させる。これが蚕卵紙で、蚕種と書いて「かいこたね」とか、「さんしゅ」、「さんたね」、あるいは単に「たね」と呼んだ。蚕種業はこの蚕種を作る産業である。

「種屋」の仕事は養蚕農家への種（卵）を供給することにある。蚕種には一化性と二化性があり、春蚕は一化性が用いられ、二化性は初秋蚕と晩秋蚕に使われる。種は蚕種農家で飼われており、原種を交配してできた卵を育てて繭を作ると太くて大量の製糸用の糸となる。蚕種農家では、一回しか羽化しない原種など様々な原種を飼う技術をもち、かつ原種を保存するために飼育を繰り返し、冬は休眠卵を保存し続ける。

幕末から明治初頭にかけて、多くの蚕種商人が日本にやって来た。この商人たちは、1840年代からヨーロッパの養蚕場で猛威を振るっていた蚕の不治の病気「微粒子病」

の悪影響を克服するため、世界を股にかけて無病の蚕種を仕入れるという重要な任務を果たしていた。微粒子病の予防法は明治2年（1869）にパスツールによって発見されたが、その治療法が広く普及するのは1880年代になってからである。その間、蚕種商人たちはおよそ20年間にわたって活躍し続けたのであった。

明治期、より優れた技術を求める篤農家たちは広い範囲で交流し、情報の交換も活発に行った。高山長五郎の清温育、田島弥平の清涼育など、篤農家によってすすめられた養蚕技術の革新が全国の養蚕農家に大きな影響を与えた。このため日本産の種から生産された極めて良質のものだった。

島村の人たちが蚕種業を営むようになったのは、江戸時代の末期（慶応元年＝1865）に蚕種輸出が解禁になってからである。全戸約360戸のうち十数戸に過ぎなかった製造家が輸出が始まると急増し、明治初年には7割方の250余戸が蚕種業を手掛けるようになった。それまではほとんどの家々が通船業をやっていた。村を貫流する利根川を利用して江戸までの水路を舟で行き来して荷物を運ぶ仕事に従事していたのである。

しかし、度重なる利根川の洪水のため、農作物の収穫は確実なものではなく、その量も少なかったから、地の利を利用して皆船頭をやっていたのである。それが急速に養蚕に変わっていったのは文政5年（1822）の利根川の大洪水の後からだといわれている。安政のころ（1850年代）には島村産の蚕種が良質だとの評判が高まり、高価で売れるようになったからである。

輸出解禁になってから、島村の蚕種はイタリア、フランスなどの養蚕先進国にも高価で大量に輸出され、一躍国際的なものになった。「タネさえ作れば売れる」と言われたほどであった。

ドゥ・ラ・トゥール公使一行が訪れた明治2年には、蚕種1枚5円88銭という高値を記録した。米1升が7、8銭、人夫一人賃が12銭の時である。日本は毎年百数十万枚の蚕種が輸出し、200〜300万円の外貨を獲得。明治6年の群馬県の輸出蚕種は、全国輸出高140万枚の1割弱13万枚である。蚕種家にとってはまさに黄金時代であった。なぜ島村の蚕種はそんなに高値で取引されたのだろうか。

まず第一に蚕の餌である良い桑が生育したからである。捨てる神あれば拾う神もある。利根川の洪水も島村の人々に幸いをもたらした。川べりの高燥、砂礫の土地にはいい桑が生育した。桑の根に付着する害虫も年に何回か氾濫する利根川の水に流されてしまう。しかも水の引いた後には流水の運んでくる栄養分を含んだ土砂が残るのである。

「新地島村蚕の本場よ、わしもゆきたや桑つみに」

第二に、島村には研究熱心な指導者が多数いたことが挙げられる。ドゥ・ラ・トゥール公使一行らも訪れた田島弥平（文政5年～明治31年）や、その父弥兵衛らの功績は大きかった。奥州等の蚕場を訪ね歩いて飼育法を学んだり、自ら研究を重ねていった。弥平は「養蚕新論」（明治5年）、「続養蚕新論」（明治12年の2著にその研究をまとめた。「清涼育」と呼ばれるもので、奥州から学んだ温暖育が部屋を密閉し人工的に温度を加えて蚕を飼育するのに対し、清涼育はあくまで天然の温度によって蚕を飼育するのを原則とする。従って蚕室の空気の流通をよくしなければならないと説いており全国の養蚕家に強い影響を与えた。

しかし、島村の幸運もそう長く続いたわけではなかった。翌明治4年になると、蚕種は1枚2円60銭に暴落した。以後、価格は下落の一途をたどり、明治17年にはわずか18銭となり、18年には輸出が全く途絶、約5万枚の蚕種を横浜埠頭で焼き捨てなければならない有様となった。

フランスのパスツールによって微粒子病の原因が解明され、その対策が進んだためヨーロッパの養蚕は立ち直りつつあった。また、生産過剰とそれに伴う粗悪品の横行も価格下落に拍車をかけた。わが国の蚕種輸出は明治10年までは100万枚ラインにあったが、以後は激減。13年には53万枚と半減し、16年には7万5千枚、19年以降は1万枚以下の少量輸出が続き、ついに明治30年には輸出の幕が下りた。

田島らはこのため近在の血洗島（現埼玉県深谷市）出身で親戚筋にもあたる大蔵少輔事務取扱（次官）だった渋沢栄一に相談。明治5年には三井銀行から六千円を借り受け「島村勧業会社」を設立、明治12年（1879）には海を越えてイタリアに直接売り込みを図る計画に乗り出した。

同12月には勧業会社員239人の投票によって選ばれた田島信（のち善平）、弥三郎、弥平の3人がイタリアに渡った。三井物産（益田孝社長）から社員一人が同行。ミラノに直送しておいた蚕種5万5千枚の売れ行きは予想外によかったが、高温のため孵化してしまった残品や、諸経費を差し引くとそれほど利益が出たわけではない。翌13年にも田島武平、弥三郎の2名が直販に出かけたが、前年ほどは売れなかった。翌14年に第三次、15年に第四次の売り込みを実行したが、世界的な不景気で最後は赤字となり、勧業会社は17年に解散した。

江戸時代、関東地方や東北地方の養蚕農民は、屑繭（くずまゆ）などから紡ぎ取る下等な生糸は、自分の家で織る織物に消費した。良繭から得られる上等な生糸は、高収入が得られるところから京都の西陣に販売したのである。高級な織物である西陣に集まる生糸は、都に上る糸だから「登（のぼ）せ糸」と称した。

応仁の乱（1467〜1477）のあと、堺などに逃れていた織部司の系譜に連なる職人が京都に戻り、西軍の山名氏が本陣を構えた跡で絹織物の生産に従事するようになったのが西陣織である。西陣の織物職人はアジアの大国である明から輸入した先進の織機を使い、高級な絹織物の生産技術を確立。戦国時代には大名や貴族、江戸時代には豪商などが競って買い求めたのである。

西陣織に用いた生糸はもっぱら明国から輸入した上質の白糸で、江戸幕府の鎖国政策で次第に輸入制限がきつくなっていったことから、西陣では白糸に代えて国内で生産される上質な生糸を求めるようになった。このため元禄期には関東、東北地方を中心に養蚕業と製糸業が盛んになっていった。

明治も半ば頃になると近在の伊勢崎でも銘仙が普及し始めた。大正時代には伊勢崎銘仙が全国的に有名になり、島村でも「娘3人持てば蔵が立つ」と言われるほど盛んになった。しかし戦後は野菜栽培に転向した農家も多く、養蚕は急速に減少し、桑畑は野菜栽培用のビニールハウスなどが目立つようになった。

「本庄の」人口は3969人、そのうち男は1948人、女は2021人、家屋数は1056戸である。村はある面積を有するが、いかなる種類の工場もまったく存在しない。全員が栽桑、育蚕、製糸［糸繰（いとと）り］に従事する。農産物としては小麦、大麦、茶、ごくわずかの米がある。住民は健康で頑丈な体格に恵まれ、調理した大麦小麦を常食とする。

上簇の多様な方式

本庄に至るまで見学したすべての蚕室では、蚕棚の上に小さな小屋型の稲藁束を広げた簇を準備する習慣がある。これらの藁束は、前年の秋に長さに応じて5つか6つに曲げられた藁で作られ、一つ一つ結わえて乾燥した場所に吊されたものである。ただし本庄では別の方式により簇が作られる。蚕棚の上によく乾いた種々の木の枝によって屋根が設けられ、それからアブラナや稲藁で覆われる。日本人が一般によくするように、この枝の上に蚕が敷き散らされる。屋根の高さは20から22センチメートルである。本庄には大規模な養蚕施設はないが、各家毎に蚕を飼育し、収穫繭はもっぱら糸繰り用と決まっている。

11日は悪天候に災いされて、やむを得ず本庄に滞留した。

神流川は武州と上州の国境をなす大河であって、村の出外れに広い河原が開けている。川幅は285間（518メートル）となっており、今は渡し場の50メートルほど下流に神流川橋が架かっている。昭和9年に架けられたもので、これにより渡船は廃止となった。渡し場を越えると上州に入る。水の少ない時は徒歩渡りが可能で、流れの場所には13間ほどの仮土橋を架けて渡ったが、増水すると橋は水中に没するので両側から綱を渡し、それに舟を繋いで渡した。それも20間までで、それ以上になると川留めとなる難所で、一行も雨後の満水で本庄での宿泊を余儀なくされたようだ。

本庄宿には内田本陣と田村本陣の2軒の本陣があるが、どちらに宿泊したかは明らかでない。田村本陣は北本陣と呼ばれ建坪200坪、門構え、玄関付き、敷地2反3畝12歩。

これに対し内田本陣は南本陣と言われ、建坪２０５坪、門構え、玄関付き、敷地3反3畝10歩であった。お互いに協力することもあったが、競争は激しく出向いて予約をとったり客引き合戦を繰り広げたりもしていたようだ。

ところで、蚕が気温の変化に敏感なことは言うまでもない。気温条件のありようが養蚕に多大な影響を及ぼすため、日本国内の養蚕法には数え切れないほどの数があるといわれるが、大別すると清涼育、折衷育、温暖育の三種に区別できるという。

暖かい地方での清涼育は、蚕を比較的安定的な自然気候に順応させて育てる方法だ。奥州など寒い地方の温暖育は蚕室を加温し、適温を保って促成的に育て、また寒暖地方の折衷育は温暖育と清涼育を折衷して育てるところに特色がある。

上州は言うまでもなく寒暖国に属すが、その上州にあって、長年にわたって研鑽を続け、蚕室に工夫を施し、ついに清涼育を完成に導いたのが島村の田島弥平である。田島は文久3年より清涼育を始め、明治になって養蚕新論など3冊の養蚕書を公刊した。蚕を飼う専門の家屋である蚕室を2階構造とし、屋上棟頂部に「抜気窓」と名付けた窓戸を設けるなど吹き抜け構造とした。密閉性を廃して室内の空気の流動性を高め、出来るだけ清涼に保とうという工夫を凝らしたのである。

通風を重視した養蚕家屋を発案した田島弥平の清涼育は、村内は言うに及ばず、周辺の村々にも広がり、抜気窓蚕室は全国でも島村式蚕室として有名になった。その旧宅は東西28メートル、南北12メートルの瓦葺き総2階建ての木造家屋で、桑の葉を保管した桑場、蚕種を貯蔵した種蔵などとともに、現在も残っている。5400平方メートルの広大な敷地全体が国の史跡に指定され、平成26年（2014）4月には富岡製糸場と並ぶ「絹産業遺産群」としてユネスコの世界遺産に登録された。

弥平ら島村の蚕種家は明治4、5、6、12年と4回にわたり宮中に招かれ養蚕技術を指導した。宮中の養蚕は古くは収穫した初繭を伊勢神宮へ献納する神事だった。明治4年（1771）昭憲皇后の思し召しにより宮中での養蚕が復活することになり、当時大蔵省の役人だった渋沢栄一が養蚕実施担当者として推挙された。

しかし、養蚕のことは知っていても実務に自信のなかった渋沢は、生家の武州大里郡血洗島村（埼玉県深谷市）に近く縁戚関係にあった島村の田島武平を技術指導・世話役として推薦した。武平は弥平と同様、島村蚕種業の指導者で、当時岩鼻県の郷長の地位にあった。武平は島村の田島たか、飯島その、田島まつ、栗原ふさの4人を率いて3月に上京し、宮中吹上御苑内の養蚕所で準備に当たった。その際、清涼育で育った島村産の蚕種が用いられたことは言うまでもない。4人は飼育日数40数日で無事大任を果たして5月に帰郷した。

翌明治5年にも島村に養蚕奉仕の命が発せられた。今度は田島弥平が指図役となり、同村の栗原茂平や境町の宮崎たい、永井あい、ら13名が養蚕奉仕を行った。さらに明治6年にも弥平ら島村の男女7人が奉仕し、同12年には田島弥平・ませ夫妻はじめ18人が青山御所に移された養蚕飼育所に出仕した。合わせて4回にわたる宮中養蚕奉仕は島村の名を全国に高め、その技術が極めて高いことを示している。

新戒から中瀬―平塚―島村―本庄と、この日の行程はおよそ10里（40キロ）である。

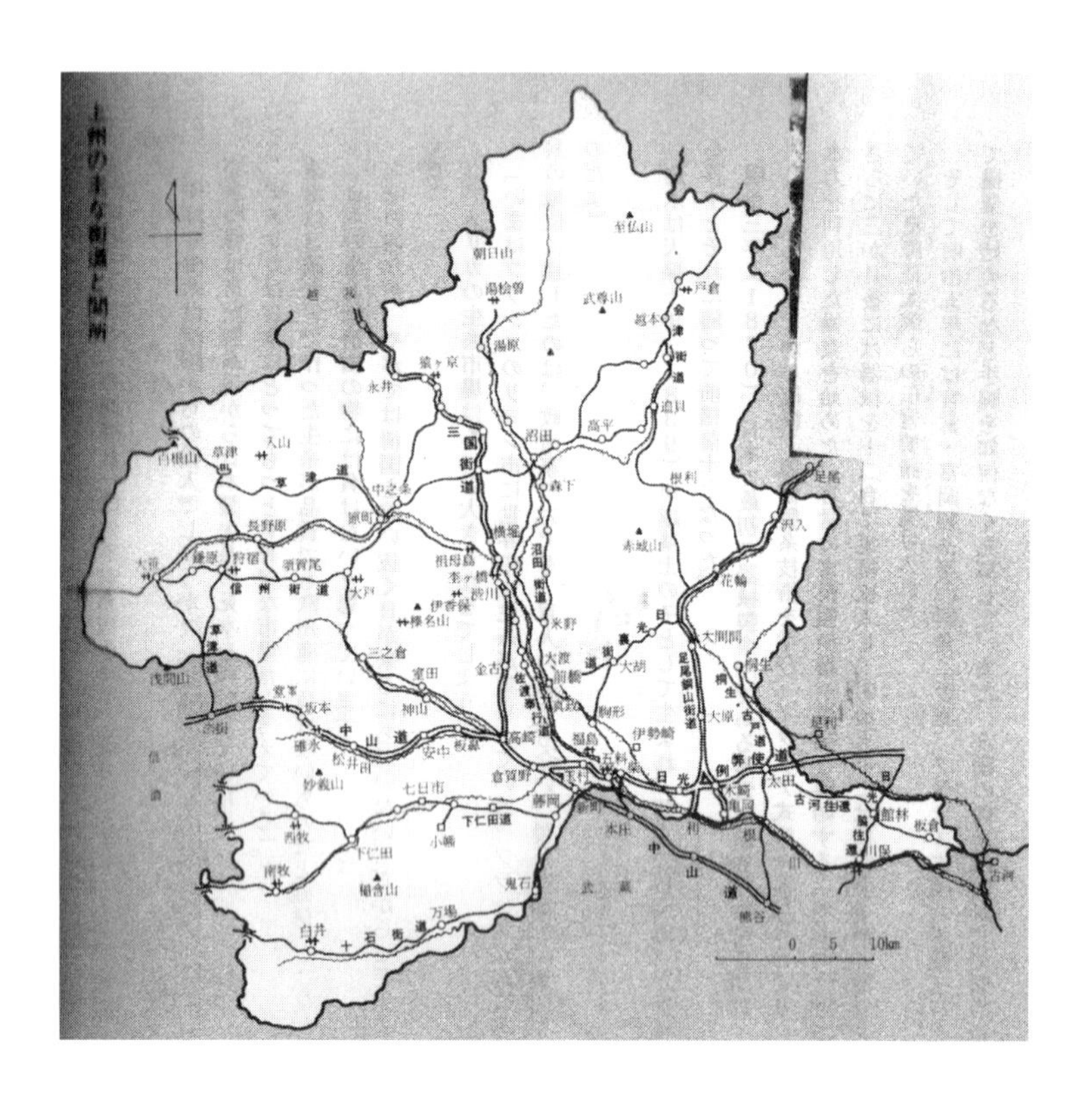
越後
至仏山
朝日山
湯桧曽
武尊山
戸倉
越本
会津街道
湯原
猿ヶ京
永井
追貝
高平
沼田
三国街道
森下
根利
足尾
沢入
赤城山
花輪
白根山
草津
入山
草津道
中之条
原町
長野原
大笹
鎌原
狩宿
須賀尾
信州街道
大戸
横堀
祖母島
杢ヶ橋
渋川
伊香保
榛名山
沼田街道
米野
日光裏街道
大間々
足尾銅山街道
桐生
三之倉
室田
金古
大渡
前橋
大胡
佐渡奉行道
駒形
大原
浅間山
坂本
中山道
神山
高崎
伊勢崎
碓氷
松井田
安中
板鼻
福島
五料
倉賀野
新町
日光例幣使道
太田
木崎
妙義山
七日市
藤岡
下仁田道
小幡
西牧
下仁田
南牧
稲含山
鬼石
万場
白井
十石街道
本庄
武蔵
熊谷
古河往還
館林
板倉
古河
信濃
0 5 10km
上州の主な街道と関所

Ⅳ

前橋藩に無事到着〜藩士80人が出迎え

6月12日（旧暦5月3日）

翌日午前6時半、本庄を発ち、3つの大きな支流に分かれているところで利根川を再び渡って、9時45分に「駒形」に着いた。

利根川の支流の一つを渡る折に、一台の古い水車が浮かび、2個の挽き臼を動かしているのが目に入った。組み立て方の点でも木製の機械装置の点でも、イタリアの川にあるものと似ていた。

駒形は人口わずか500人で、農産物には雑穀と隠元豆がある。栽桑もたいそう盛んである。

村の主要な養蚕家のカムリーギサムラは産卵台紙3・5枚を飼育している。かれの蚕はすばらしい出来であった。五齢期の期間を通じて（ちょうどその状態にあった）、かれは常に24時間のうち早暁、正午、夕暮れ、午前零時の4回給桑する。

分配、栽培、日本の農産物

大名松平［直克（なおかつ）］大和守の意向により、筆頭家老・遠藤鏘平が武士80名を率いて前橋からやってきて、駒形すぐの手前でわれわれを出迎えてくれた。この従者一行は、ドゥ・ラ・トゥール伯爵が大名の領地に滞在する全期間を通じてかれの自由な裁量に委ねられ、同伯爵を護衛し調査を助けるよう命令されていた。

前橋の大名は年齢30歳、妻は18歳と若く、藩主有馬の娘である。その歳入は総額米17万石（1石は173・80リットルの容積に相当する）となり、日本人のあいだでは平均石あたり60リラと算定される。

前橋藩の7代目藩主の松平大和守直克は久留米藩主・有馬玄番頭頼徳の5男として生まれ、文久元年（1861）、川越藩主・直候に子が無かったので養子となった。数ある大名の中で有馬家はなぜか子供に恵まれた子沢山の家で、それゆえに東京日本橋の上屋敷に久留米から分祀した水天宮は子育て・安産祈願の神様として庶民の間でも人気があった。江戸に鎮座して200年になる水天宮は、平成の今も安産祈願の代名詞のような存在となっており、江戸庶民の間では「おそれ入谷の鬼子母神・びっくり下谷の広徳寺・なさけ有馬の水天宮」と囃されるほど。平成の今でも安産を祈願する東京の人々が列を作って祈願する名所となっている。

直克は22歳の若さで川越藩主となり、文久3年（1863）には幕府の政治総裁職に就任、一時は幕閣の中心に立った。しかし、攘夷派の懐柔策として横浜鎖港を主張し、水戸浪士討伐を優先する幕閣老臣と対立して総裁職を辞任。明治維新直前の慶応3年（1867）、藩士2481人を引き連れて前橋城に移ってきた。

このうち士が866人、卒（足軽）が1615人。家族を入れて考えれば、前橋の人口は一気に8千人ほど増えたことになるだろうか。サヴィオは前橋町の人口を4万人と記しているが、市制（2万5千人以上）をしいた明治25年の人口が2万9千人だから、どこで仕入れた数字かは不明である。

川越では軍事演習をする広大な土地がないという表向きの理由のほか、前橋の方が領地を支配し易いという事情があった。万延元年（1860）の前橋藩領17万石の分布は、武蔵・上野・上総・安房（1万7千石）・近江（5千石）の5か国20郡に広がるなかで、武蔵国領が11万4千石余（53パーセント）と最大を占めるものの、10郡にわたって所領が分散（1郡平均1万石）。これに対し、上野国領は7万5千石余が勢多・群馬・那波・佐位の4郡内にまとまっていたため一円支配し易いだろうという判断である。

松平氏の先祖は家康の子で将軍秀忠の兄・結城秀康の5男大和守直基である。直基から5代目の朝矩が15歳のとき、酒井と入れ替わりで姫路から前橋へ移ってきた。それまでの100年間に越前大野―山形―姫路―越後村上―姫路――豊後日田―山形―陸奥白川姫路と9回も領地が変わって、特に姫路へは3回も行っている。こう引っ越しばかりでは藩士の方もやりきれないし、50万両を越える借財を背負って藩財政は火の車だった。

当時の川越藩の年間収入は、1石1両として概算するとおよそ6万両程度。借財がその8倍ほどあった計算になる。

だから前橋が横浜開港による生糸輸出で空前の経済的に活況を呈していたことは最大の魅力だったといえる。直克は発展を遂げつつあった前橋の生糸商人たちの経済力を掌握することによって莫大な前橋城再築、帰城の経費が見込めるほか、当面する財政再建、強兵策を有利に進めることができると期待したのである。事実、糸値は安政6年に急騰して3倍、慶応期には6倍になった。

生糸価格の急上昇とそれに伴う生糸生産の飛躍的増大によって、それを扱う前橋糸商人の活動はにわかに活発となり、巨利を手にする者が続出した。横浜での初取引は前橋商人だといわれ、「マエバシ」は海外で生糸の代名詞にさえなった。幕府の城再築許可がまだ下りる前から領内生糸の統制と保護に乗り出し、前橋本町に糸改会所を設けて統制を強化。輸出用生糸の輸送や荷物の保管には藩の御用荷物として江戸深川にあった藩の蔵を使わせるなどの保護を与えた。

城の再建には莫大な資金と労力、資材が必要とされる。このため前橋町民との間に献金の話し合いがあったことは明らかで、再築許可もおりない文久3年に町民有志196人から1万両の資金が献金されたのをはじめ、築城献金は都合7万7千両にのぼった。再建は文久4年（1864）着工以来3年余を費やして慶応3年（1867）に竣工した。この間、川越から藩士の移動は漸次行われ、明和4年（1767）の川越移城いらい、「川越藩・前橋御分領」（『松平藩日記』）と呼ばれる時代を経て、100年ぶりに城下町前橋が復活した。

ところで、ドゥ・ラ・トゥール伯爵ら一行を前橋の入口である駒形に出迎えた藩士・遠藤鏘平は前橋藩の筆頭家老と記されているが、実際はそうではなく、サヴィオの誤解にもとづくもののようだ。錦絵の説明には「前橋公の御役人遠藤鏘平と申せし方クマガタまで御出張り御城下に誘引した」となっている。

前橋藩では幕末から生糸の生産の有望性に目を付け、その収入に期待を寄せていたことは既に書いた。その役割を与えられたのは重役の深沢雄象（ゆうぞう）と藩士・速水堅曹（けんそう）であり、一行を出迎えて滞在中何くれとなく世話をしたのが速水の親戚筋に当たる遠藤鏘平だったと思われる。

遠藤は重役である深沢雄象の命令に従ったのだろうか、一行の前橋藩滞在中もそのあとの伊香保温泉での休養中も伯爵らに随行して警護に当たった。そして伊香保から下山してお隣の高崎藩に入る直前の金古宿まで警護と案内役を務めるなど滞りなく重責を果たしたようだ。

日本の全大名の収入が米の石高の価格と対比されるのは、この穀物が主要な収穫高をなしているからである。ただし実際には大名は、稲田以外の耕作地に対しても租税を金銭や種々の農産物で受け取る。

帝国全土は国家に属し、一管区ないし一国を割り当てられた大名には、平時戦時を問わず天皇の御意のままになるある数の軍隊を自費で保有し、委託された領地内の道路の保全を管轄する義務がある。細分化された土地は耕作用に農民に与えられる。収穫時が近づくと大名配下の役人数人が土地を測量し、栽培されている作物を書き留める。その後稲と雑穀を刈取り・脱穀させて、一定の箇所に集め、比例計算をもとに総生産量を定め、そのうちの半分の量が大名の穀倉に納められる。

耕作用の処女地を受け取った者は、最初の2年間さらに3年間さえ全収穫量入手の権利を有する。茶や桑の栽培地、森林や果実畑等々を営む土地、あるいは家屋建設地は、その特性に基づいて判断されて、三階級、すなわち上級は「上田」中級は「中田」下級は「下田」に分類される。これを踏まえて担当役人が、金銭や作物で農民の支払うべき税金を定める。

五畿内の5か国をかたちづくる朝廷の土地を耕作する者は、収穫の10分の4を君主の穀倉に納なければならず、残りを享受できる。

農民は耕作を寄託された土地の権利を他者に譲ることができ、その代わりに、土地が上等なら一町歩当たり1700リラ、中等なら1200リラ、下等ならわずか100リラの割合でそれぞれ受け取る。なんらかの不備のある場合には、大名が土地の一部もしくは全体を回収するという形で処罰される。さらに土地は、大名や政府が必要とした時には取り上げられるが、この場合農民にはごく少額の金銭補助をするか、別の土地を与えるかである。
谷あいは大部分稲田として耕作され、一般に収穫は1回のみである。ただし丘陵の麓で、土地が即製の排水路設置に適していれば、稲を収穫し終えるとただちに土を乾かし、耕し、雑穀の種を播くと、翌年の熟成には十分間に合う。これを収穫し、土地を耕耘・施肥し、早苗を植え替えるからである。稲の種［籾］は5月初旬、稲田の一隅の小さな四角形の部分［苗代］に、1「町歩」（1「坪」は3・644平方メートルに相当し、3千「坪」が1「町歩」）の面積に当たり8万6900リットルの割合で播かれ、その後6月に植え替えられる。

（田植え）

この作業は女性の手で行われ、すでに高さ25センチメートルに伸びた早苗を抜き取り、およそ50本ずつの束に結わえて、籠に投げ込む。籠は少女から成人までの女性が背負って運び、驚くべく敏捷に束を解いて10か12に小分けして、すでに水の張られた田に植え込む。早苗は四方八方ほぼ20センチメートルの間隔で植わっているが、まるで一列にするために糸が張られたかのように、正確に規則正しく列をなして浮かんでいる。

Coltivazione del riso nel Giappone. — La messe.

Coltivazione del riso nel Giappone. — Il raccolto.

広大な耕地を所有する農民が稲の播種をそれぞれ1か月の間隔を置いて3つの時期に分けてする習慣は、風雨による災害が発生しても、収穫全体が損害を蒙らないためである。

稲田は恒久的で、大名の許可なしに稲作を変更することはできない。米は日本でもっとも必要性の高い穀物だからである。―劣悪な質の耕地は、休耕の1年の期間ごとに放置されるが、耕作者が怠慢から1年間自分の耕地で稲作をしなければ、土地の権利を失う。

平地ではもっぱら稲作が行われているので、たとえ有効とわかっていても、3年に1度の作付けの耕地手法は採られていない。稲田に不適切な丘陵や高地では、耕作者が自分の必要性に応じて小麦、大麦、茶、野菜などを栽培する。

米の収穫高は平均一「町歩」あたり3000キログラムと算定される。

稲田の土を耕すには深さ45から50センチメートル掘り返すことのできる鉄製の鋤を用いる。さらに馬の曳く竹の歯のついた木製の農具を用いて鋤き起こす。

播種の前に種々の肥料が、耕地の位置と質に応じて施される。

海に近い砂地では、石灰や魚の残滓の腐らせたものが用いられる。さらに油を採った後の「鰯」（江戸湾がこの魚の宝庫である）の残余部分も使われる。並の耕地は油を採った後の植物（油が採れる植物）の残滓「油滓」か、隠元豆や空豆やえんどう豆の茎や葉を施して肥沃にする。良質の耕地の施肥には草と藁が用いられる。人糞は確かに完全な施肥である。ただし十全の肥料なので万全の管理（すべての道路沿いに、頻繁ではないが、ごく短い間隔でその容器が置かれている）がなされているにしても、江戸や大阪のような人口の大密集地近くでなければ、十分な量が確保できない。たとえば人口の少ない越後国では、稲田の施肥にほとんどあらゆる草が使われる。日本では家畜の量が少ないので、家畜小屋から出る肥料の使用は取るに足りない。

他者のために耕作する農民は扶養されて住居を与えられ、1月に1両すなわち7リラを受領する。

日本で人為的灌漑があまり必要でないのは、地質が十分に必要な措置を講じてくれるからである。この島をよぎるいくつもの大きな山々や数々の小渓谷を形作る交叉する丘陵網は、無数の川や急流や小川の水に恵まれ、稲田の灌漑を潤すのに十分である。したがって水量は豊富であり、最初に水を集める者から次々に受け取る他のすべての人々へとわたる共用物であり、どうしても必要に迫られ配水と水路変更を求められる場合以外には、なんらの税も費用もまったくかからない。

人口3500万から4000万を擁する日本全国の米の総生産高は豊年の場合、2億3280万6200石と算定される。しかし今年は前年の凶作が災いして、大量の米の供給をコーチシナから受けた。

九州南部と薩摩国においてのみ、毎年2回米の収穫［米の二期作］が行われる。同じく九州、ただし肥前国で栽培された米は最上とみなされているので、御門（みかど）の宮廷［朝廷］で用いられる。品質に関しては、本州の加賀米につぐものである。

九州のいくつかの地域と丘陵では陸稲が少量栽培されているが、あまり栄養がないので日本人の評価は低い。

本州の北部では稲作はほとんど行われていない。ただし米は、泥水で洗い天日で乾燥させた後、穀倉で数年間保存できる唯一の穀物である。したがって奥州と出羽の両国の住民は以前には空豆や隠元豆や雑穀を主食としていた。ただし蚕種と生糸の多量の生産によってかなりの金額を稼いできている現在では、外国米の主な貯蔵庫のある横浜で米の調達を行っている。

米の輸出はいまだに禁止されている。日本から外国に向けてばかりでなく、日本の一国から他国へのそれも禁じられている。政府が許可する場合に限り、外国人はまれにごく少量の米を輸出することができる。

わが日本では江戸時代まで永い間、「米（コメ）本位制」の経済が続いていた。コメが食料の中心であり、1石（約150キログラム）＝10斗＝100升＝1000合は、大人1人が1年に食べる量とされた。1石は金額にすると、7万5000円ほどになろうか。「石高」の概念は戦国時代に一部大名が採用し、豊臣政権による太閤検地以降、石高制が導入された。江戸幕府はそれを土台として日本全国の支配を確立した。幕府は改めて全国の石高の再確認をするため、大名に対して郷村帖と国絵図の提出を命じ、将軍秀忠から諸大名に判物が下された。

そこに表記された石高が表高（おもてだか）と称されて、原則的には幕末まで変わることはなかった。これが石高制で、そのもとで藩の規模から武士の給与に至るまで全てが米の生産能力で表され、武士階級の格付けとしても石高は重視された、また農民には、これに基づいて租税として年貢が課税された。収穫の半分を年貢として徴収すれば「5公5民」であり、それが40パーセントなら「4公6民」となる。

これにより幕府は大名の所領規模を簡単に把握できるようになり、加封、減封、転封や飛び地の処理も簡単に行えるようになった。また、大名も自己の藩において、家臣をその所領には住まわせず、年貢徴収や人夫動員も藩中央が一括して行った。各領主は自己消費分を除いた米を販売し、その代金であらゆる物資を購入するわけである。

江戸時代の日本の人口はここに記されているように約3000万人前後である。このため幕府は新田の開墾を推進し、傾斜地にも棚田を設けて米の増産を図るなど新田開発ブームが起こった。また農業用水路も盛んに設けたり、山林の伐採による土砂災害を防ぐなど治水に努めた。さらに千歯こき、備中鍬など各種の農機具も発明され、全国に広がっていった。

肥料としてはサヴィオが記録した如く、油カス、堆肥、干し鰯などが使用され、都市近郊では人々の糞尿も貴重だった。農家の人々は農産物を都市に持っていき、帰りに糞尿を持ち帰って肥料にするリサイクルを活用していたのである。

その結果、16世紀末には耕地面積が全国で150万町歩、米の生産量が1800万石程度だったものが、18世紀後半の元禄・享保時代になると、耕地面積が300万町歩（ヘクタール）、生産量は2600万石にも達するほどに増えた。

明治時代になって人口が３３００万人に増えた。サヴィオが記録したように全国の米の総生産額２億３２８０万６２００石という数字は何かの聞き違いであろう。不足分はコーチシナから輸入したとなっているが、別の記録では日本の総石高は天保期で、３０５５万８９１７石を計上している。ごく大掴みに言えば、全国民に供給する主食の米は何とか足りていたという事になるであろうか。別の見方をすれば、米の生産高に見合った人口が維持されていたともいえる。

昭和初期になって、米の生産高は明治初期の２倍以上に増加するが、人口が幕末の３倍近くまで膨れ上がったため、日本内地の米不足は深刻になった。朝鮮や台湾からの米の移入で不足分を補わざるをえなかった。

一般に「徳川８００万石」などと称されるが、これは旗本領などを加えた数字で、実際の天領は約４００万石を少し超える程度だった。また、大藩としては金沢の加賀藩が約１０２万石、薩摩の島津藩が72万石、仙台の伊達藩が62万石、御三家の尾張・紀州両藩がそれぞれ61万石、55万石、熊本の細川藩が54万石などである。

関東の米の石高は約１００万石、その半分の約50万石が上州で生産された。元禄２年（１６８９）の上州国の総石高は59万１８００石と記録されている。上州には、前橋藩の

17万石を筆頭に、高崎藩、舘林藩、沼田藩、安中藩、伊勢崎藩、小幡藩、吉井藩、七日市藩（外様）の中小合わせて9藩があり、そのほか旗本の所領（知行地）が天和2年（1682）には139氏、幕末になると更に細分化されて401氏にのぼった。

一行の駒形出発と前橋到着

駒形出発は11時半頃であった。道を少し進んでから、大島に立ち寄った。遠藤鍬平に果実畑を見学するようにと招待されたからである。果実畑は面積が1万平方メートルあり、蔓棚が設けられていて、年収益が7000リラという話である。午後2時に前橋着、本庄から7里の行程であった。

大島は近隣の天川原などと同様にその地名が示している通り、元々は利根川の本流（古利根川）がこれらの地を流れていたことに由来している。15世紀以降、天文年間の2回の大洪水で川の流れが西方に変流してから人々が住み着くようになったが、土壌が砂礫地だったため米作などの耕作地には適していなかったとされる。

文政・天保年間に地元の関口長左衛門が梨の栽培に適することを日夜研究努力し、村民に奨励したことから特産の大島梨が生まれた。最初は疑い躊躇っていた人たちも、小麦なら反収1俵そこそこの畑から米作にも勝る収入が得られるのを見て競って翁の指導を受けたという。公使らもここで取れたての梨を振る舞われ、乾いた喉を潤したものと思われる。

近代的農村への契機となった梨園経営はその後も次第に成果をあげて、生産高も順調に伸びた。一行が案内されたのもそうした果樹園だと思われるが、大島梨は長十郎から新品種の幸水、新水、豊水が次々と誕生し売れ行きはますます向上。昭和に入ってからは沿道販売の店が出始め、昭和43年に35店、同45年には54店と急速に増え現在に至っている。また近年は宅配便の発達で新鮮な梨が日本中の消費者に届けられるようになったため生産品はほとんど完売できる現状だという。

前橋市街地の東端、天川町から天川大島町へかかる道は両側に松並木が並び、昔の街道「あずま道」の面影を残している。一行が来た道を逆にたどれば、これが江戸への街道で、前橋城大手門―本町―片貝町―中川町―新町、それから天川町を通って大島町から駒形へ出て、境町―平塚河岸のルートと、駒形から五料河岸へかかる道とがあり、その先は中山道へ。前橋城より江戸日本橋まで26里32町（105キロ）である。

人口4万人の前橋は城下町であり、大名は町なかの広大な城に居を構える。この町にイタリア公使を迎えるにあたって設けられた装飾や儀式、さらには一行の各メンバーに対して当局側と住民の官民双方から示された懇ろな真心は、まぎれもなくわれわれの心に感銘を与え、その良民がわれわれの前橋入りを祝して盛大な祭典を催そうとしたことの証しにほかならない。

一行はいよいよ旅のハイライトである前橋に到着した。前橋藩松平家17万石の城下町である。城下の人口4万人とあるが、前橋町が前橋市に衣替えした明治25年の人口が3万1967人（世帯数5658）だから、この当時は8千人程度だったのではないか。生憎、藩主の松平大和守直克は江戸在勤のために国元を留守にしていた。

徳川幕府は中央集権体制を強化するため、諸大名に江戸屋敷を与え、妻子の江戸居住を奨励、寛永以降は武家諸法度でこれを義務付けた。このため大名は江戸と国元に1年ずつの在住を義務付けられ、外様大名は東西に二分されて江戸と領国の居住を交代で1年間ずつ義務付けられた。また譜代大名は毎年6月（もしくは8月）に交代することになっていたため、大和守はこの時期は江戸に滞在していたのであろう。

それから間もなく版籍奉還が実施となり、直克は前橋藩知事に横滑り。幕府が瓦解したことによって53万両と言われた藩の借財も全て棒引きとなった。直克は同年8月、息子の直方（12代）に家督を譲って隠居の身となった。

前橋は江戸から北北西に向かって約１００余キロ。関東平野の北辺に位置する。そのため江戸の北方の守りとして重視され、徳川家康の関東入国以来、有力な譜代の諸将が配置された。

戦国時代末期の上州には、北条氏の拠点である金山城（太田市）、厩橋城（前橋市）、箕輪城（旧群馬郡箕郷町）、平井城（藤岡市）、白井城（旧北群馬郡子持村）、真田氏の支配する沼田城（沼田市）などがあり、互いに対峙していた。天正18年（１５９０）、豊臣秀吉は小田原の北条氏を滅ぼすと、その所領のほぼ全域を徳川家康に与えた。家康は江戸に居城を移し、江戸周辺を徳川氏の直轄地とするとともに、関東の所領内にあった主な城郭にそれぞれ有力な諸将を配置したのである。

江戸入城当時の家康の所領は伊豆・武蔵・上総・下総・相模・上野の２４０万石余り。上野国は約50万石で、全体の20％を占めた。

われわれの宿所として定められた場所にはベッド、マットレス、テーブル、椅子などが備わり、全品が使節一行の人数分をわざわざ製造させたものであった。そのうえ、テーブルクロス、皿、グラス、いわばヨーロッパの習慣に欠かせないと思われる物品が備わり、無数の男女のさまざまな階級の召使いにも欠けてはいなかった。

町奉行と大名の筆頭家老がイタリア公使ドゥ・ラ・トゥール伯爵を訪ねた。かれらの配慮は、何か足りないものはないかと尋ね、同時に公使に必要とおぼしきものがあれば言ってくれるよう促したことであった。豚2頭、大量の鶏、あひる、鵞鳥、種々様々の酒、ごく美味な白乳、菓子が贈られた。これらの贈物に対して、珊瑚の小玉、透かし細工を施したブローチ、シャンパン、甘口のリキュールなどが返礼として贈られた。すべて日本人が大いに珍重する品々である。当局側が語ったところによれば、前橋の主な産物は生糸、蚕種、少量の雑穀と米である。

前橋は上州国の養蚕の一大中心地であり、同地にある江戸や横浜の日本の会社の代理人に売るために、大部分の零細養蚕家は生産品を携えやって来るが、一方代理人たちは時宜をはかって江戸や横浜へ赴くのである。

到着した日に養蚕問題に関わることは不可能であった。足早に日没が近づき、上州の美しい山頂を照らし出す日の光で、辛うじて主要道路を進むことができた。主要道路は前橋を直線状に貫通し、その道路沿いの種々様々の蔵は町の商業中心地の細部を形作っている。織物、衣服、紙、食品、履物、麦藁帽子、傘の蔵が際立っている。さらに道中2つの小さな寺［神社］も訪れた。1つは八幡［宮］と称するこのうえもなく優雅な建物で、他は神明（しんめい）［宮］であった。

前橋城下の成立時期は不明だが、貞享元年（1684）にはすでに本町、連雀町など19町があった（『前橋風土記』）ようだ。『甲陽軍鑑』にも北条・武田の連合軍が厩橋城下の宿町を焼き払ったとの記述があるので、町場があったのは確かだろう。

慶長6年の酒井氏入封後、町奉行に2名が任命されており、町年寄・名主・組頭も置かれている。商人は前橋八幡宮の門前に集落を形成し商人頭の木嶋助右衛門が統括していた。連雀町・本町・白銀町・鍛冶町・田町・片貝町・一八郷町・板屋町・萱屋町・榎町・桑町・竪町・中川町・横町・広瀬河岸・天川新町・紺屋町・向町・細ケ沢町などがあった。

武士は敷地7万坪余という広大な城郭内に屋敷を構えたが、仲間らは柳町・愛宕町などに住んだ。本町は沼田街道の出発点となっており、沼田藩主の参勤交代路になっていたため、本陣・問屋・旅籠8軒が置かれた。商人の中では米穀商が多く、5000人ほどの商人が前橋城の日常品の調達や普請奉行下の支持を受けて働いていた。
広い敷地内には三層楼の天守閣。城の出入りには大手門、三日月門など5か所の門が開かれており、本丸7300坪、二の丸（2400坪）・三の丸（5000坪）と、かつて城下町の誇りであった前橋城はいま、県庁の周辺に土塁と松風の音がわずか残るばかりで面影はほとんどない。車橋門を偲ぶ石垣も曲輪町に残されているが、いつまで昔の姿を残すであろうか。
公使一行の前橋における宿舎は、町の中心に位置した本町にあった2軒の本陣（松井市兵衛および中沢や善兵衛）であった。前橋市史には「二日　伊太利亜人ノ本陣江旅宿」として「異人七人　通辞（?）壱人　（乗馬）七疋　東京府ヨリ護送之者拾六人兵隊
中沢や善兵衛＝駄荷馬七疋　先乗二疋　〆二六疋　岩鼻　兵隊上下六人出勤　御上様ゟ（より）護送衆四十人　御物頭壱人
松井市兵衛＝右旅宿ニ付、生糸世話方不残呼寄、本陣ニ差配役人ニ代リテ遣イ本町役人不残天川町ゟ本町迄町々案内　駒形・天川大島・天川町入口迄遠見差出候事
今朝曇天、四ツ時ゟ雨不止」

との記録が残っている。

サヴィオの道中記には松井・中沢の本陣について詳しい記述はないが、2年後の明治4年夏にこの本陣に宿泊したイギリスの新聞記者ジョン・レディー・ブラックの紀行文(金井円、広瀬靖子編訳『みかどの都』桃源選書)によれば、

「本陣はまったく宮殿のような壮大なたたずまいをしていた。はいる時、私たちの部屋が明るく数本のろうそくで照明してあるのを見た。先行した仲間の一人が、ふすまを全部とりはずして大きな部屋にさせてあった。3つの椅子が1列に置かれ、間もなくテーブルもひとつ出されて麻布がかけられた。ベランダのところには3つの木製の寝台があり、中央は平だが、頭のところと足のところで、少し傾斜がついていた。これらの寝台は高さ2フィート半あった。寝台に入るとき、私たちは約1か月、固い畳の上で寝てきたあとだけにかなりこれが具合のいいものであることを知った」

ブラックら3人は3頭の馬と3人の馬丁を連れて、雲の上に聳える富士山に挑戦、富士登山を楽しんだあと甲斐、信州、上州の諸国を回る1カ月余の旅の帰り道だった。中山道を安中、高崎と来て27日目に前橋へ立ち寄ったのである。

「江戸に着くまで充分な時間があったので、中食後になって前橋に向かった。中山道を

3里ほど離れたところにある町で、世界の生糸市場として著名である。ここかしこで大きな桑園のところへ来た。その後、私たちは川（利根川）のところに出て、ひとつの橋を通った」とある。イギリス人にとっても、「糸の町・まえばし」は相当知られた存在であったことがわかる。

ブラックによれば、橋は15隻の小舟を5ヤードごとに並べて重い板材を長く並べて道路のようにしたもので、小舟は竹の綱で結び合わされ、強い鉄鎖で岸に結びつけられていたという。当時、利根川には橋はなく、小舟をロープで繋いで板を渡しただけの「曲輪橋」という名の舟橋が渡河の唯一の方法だった。利根川に橋が架橋されるのは、上野─前橋間に鉄道が開通した明治17年の翌年（木鉄混合の利根橋）まで待たなければならない。

前橋は松平氏が明和4年（1767）に川越に移城後100年余、城下町は衰退の一途を辿り、川越藩の分領となった城下町は4700軒もあった人家は800軒になった。人口は減少、役介地は増え、町家の空き家も増加した。しかし、安政6年（1859）の横浜開港によって城主不在の寂れた前橋に活気を取り戻すチャンスが到来した。

赤城山麓は元来水利に貧しく、古くから畑作地帯だった。畑作物の年貢は普通は金納であったから、その畑作を利用して桑を育て内職的に飼育されていた養蚕が18世紀ころから次第に広まり、開港直前には農家収入の50パーセントを占めるほどに増加してきた。

それを加速させたのが開港による生糸価格の高騰である。前橋の市で買い集めた生糸は、横浜へ出荷すれば必ず儲かり、数年ならずして巨万の富を得る生糸商人も出現した。前橋の生糸相場は、安政5年の指数を100とすれば、2年後は200、3年後には300と急騰している。

前橋の名は、「上州国の養蚕の一大中心地」と記されているように、幕末の頃からすでにイギリスの首都ロンドンやフランスの絹織物産地リヨンで優れた日本生糸の産地として知れ渡っていた。だが、当時のヨーロッパの人々は、前橋が一体どんな所であるのか、また新しく開国した日本という国がいかなる人々が住む所であるかさえほとんど知らなかった。イギリスの初代駐日公使オールコックが「世界中のどの国民にもおとらぬほど勤勉で、親切で、気立ての良い3000万人の国民」（『大君の都—幕末日本滞在記』）と紹介したのが文久3年（1863）だが、それを読んだ人はごく限られていたに違いない。

しかし、日本から大量に送られてくる生糸を扱うロンドン商人やそれを使って絹織物を製造するリヨンの職人たちの間では「マエバシ」、または「マイバシ」はかなり有名な存在だった。日本生糸の中で、生糸を束ねた前橋産の提糸（さげいと）はもっとも良質だったからで、京都や江戸の名前を知らない人でも前橋の名はよく知っていたのである。

しかも前橋は単に生糸の産地というだけでなく、生糸の大集散地でもあった。公使らが訪れた幕末から明治の初めにかけて、前橋には有力な生糸商人が数多く現れて、上州だけでなく奥州・信州・武州からも大量の生糸を買い集め、横浜へ向けて盛んに送り出していた。

だから公使やサヴィオは前橋を初めて訪れたヨーロッパ人として、かなり高揚した気持ちだったのではないだろうか。前橋藩が宿舎に用意した本陣にはベッド、椅子などの西洋式備品が人数分だけ新たに新設され、送迎の準備が滞りなく設えられていたと記したうえ、「官民双方から示された懇ろな真心がわれわれ全員の心に感銘を与えた」と感謝の気持ちを率直に綴っている。

食糧についても、行く先々で卵や鶏肉などの食材が贈られ、こうした懇ろな誠意は公使らに大きな感銘を与えたようだ。ただ、主食のパンなどは旅先では調達が不可能だったため、横浜の公使館から数日分まとめて届けられた模様である。後に出てくるように「備蓄食糧の第二便が横浜から到着するやいなや高崎を発った」と記されているのがそれであろう。

前述の前橋市史には「昼時頃、シュストル（ミンストル＝公使の誤り）、奥方女壱人、外異人弐人　護送両三人　前橋市中為見物出掛ル」とあり、本町より八幡宮、夫〻連雀町坂ノ上、桑町・横町竪町神明宮江参ル」とある。

前橋市中の見物に出かけた公使は夫人を伴って本町から連雀町の八幡宮に参詣。同宮は前橋の総鎮守として市民から親しまれており、前橋城主からも代々尊敬され、朱印地の寄進も受けた。境内7反余歩（2000坪余）、昔は樹木の茂みにおおわれていた。このあと来た道を引き返し連雀町の坂を下り桑町、横町、堅町と見てまわった。目に入るものは皆珍しく町々で馬の脚をとめた。

V

製糸場を見学～完璧さに驚嘆するばかり

6月13日（旧暦5月4日）

日本人が繭から糸を繰る方法

13日の朝われわれが最初に見学した製糸場は、中村や［正造］という竈12基を有する前橋最大の工場であった。いまだに初歩的な方式が用いられていた。繰糸女工に配られた繭は、大鍋に満たされた熱湯のなかに浸される。この作業に関して、日本人はできるだけ雨水を使い、いずれにしても決して溶剤の類を用いることはしない。女工たちは下置きの竈によってひじょうに高温に保たれた湯［繰糸湯］で満たされた繰り鍋（釜）の前に座って、玉蜀黍の小箒［実子箒］で繭の緒を集め［索緒］、ひき出された初めの蚕綿［緒糸］を切り離し、繭を抄り［抄緒］、十分に細くした繭糸群を手繰り、女工の正面にある巻き取り小枠にかけて回転させる。同時に先の抄緒で出された繭糸を繰り鍋の右手にある鉤にひっかけておく。この作業を終えると、女工たちは前の索緒で残していた繭糸先を再び繰糸湯に浸けて、左手で一辺が10センチメートルの四角形の巻き取り小枠を廻す。

糸は、綾振り棒にしっかりくっつけられた、人間の髪の毛でできた小さな環［毛つけ］を通り、巻き取り小枠に誘導される。女工が新たに糸を加えようとする際には、3、4本の繭糸を鉤からとって繭付けをするのではなく、それらを手で、すでに繰糸中の繭糸群に誘導すると、繰糸中の繭糸群は補給された繭糸群を巻き取り小枠の回転と同じ速度で吸い込む。

　巻き取り小枠が一杯になるとはずして別にする。生糸を少々水に浸してから翌日、枠手一辺が30から33センチメートルのより大きな巻き取り大枠［揚返し器（あげかえ）］に移す。

　巻き取り小枠から糸を大枠に繰り返す［揚げ返す］ことで、巻き取り大枠上で綾取りがなされることになる。１人の女工の１日の労働について現場でわれわれのしたさまざまな計算では、１日あたり平均３００グラムであり、歩留まり［糸歩（いとぶ）］としては生糸１キログラムを得るのに殺蛹したばかりの緑色繭14から15キログラムが必要になる。１女工の１日の労働時間は９時間、賃金は能力と熟練の度合いに応じてイタリアのリラで50から80サンチームである。

　この地で利用されている不完全な道具のことを思えば、生糸生産の完璧さを目の当たりにすることは、実に驚嘆以外のなにものでもない。

600キログラムの生糸を生産する。数時間かけてこれを観察した後、1基か2基程度の竈を有する他の製糸場見学へと移った。小規模の養蚕家の一般的な慣わしとして、自分自身が自宅で自分の繭をひく。ただし最初に訪ねた工場と大差ない方法であることがわかった。さらに前橋では各家ごとに小口の蚕を飼っているのを目にし、大半がすでに上簇していた。しかし大きな養蚕場はなかった。

前橋での滞在は2泊3日だった。2日目は「朝より天氣薄曇りなり、夜に入って雨降る」(前橋市史)とあり、イタリア人7名は精力的に製糸場を見て回った。サヴィオらは生糸が前橋主要産物であり、養蚕の一大中心地であるとしながらも、見学した養蚕場がいずれも小規模な零細家内工業的な存在だとしている。初歩的な道具を使いながら完璧な製品を作り出していることに「驚嘆以外の何ものでもない」と感心しながらも、製糸技術が不十分なことに鋭い目を向けている。

生糸は莫大な負債を抱える前橋藩、長期間にわたって城主不在で町が寂れた前橋に思わぬ活気を取り戻すビッグチャンスをもたらした。直接のきっかけは安政6年(1859)の横浜開港による生糸貿易の繁昌ぶりである。

開港当時、前橋藩やお隣の高崎藩では特産物の一つである生糸を藩が買い占めて独占的に売り出す、いわば「藩専売制」を採用していた。高崎藩は高崎屋益太郎店を、前橋藩は敷島屋庄三郎店をそれぞれ横浜に出店し、領内の生糸を独占的に外国人商人に売り渡した。専売制の代行によって年間、前橋生糸500駄と遠国生糸300駄を扱い、代金は96万両、その口銭が1・8パーセントで5万5360両、諸経費を差し引いた前橋藩への冥加金は6360両だった（慶応2年）。

敷島屋というのは藩名を隠すための仮名だが、明治元年10月、横浜行きを藩から命じられた藩士の速水堅曹は「これすなわち公事に生糸に関するの始めなり」と日記に書いている。同2年2月、速水は藩士の鈴木昌作と商人勝山宗三郎を連れて横浜に出発。翌3月には直売所を開店し、利根川の敷島河原を屋号、名前は昌作をもじって庄三郎にしたという。明治2年7、8月の2カ月間に売り込んだ額は生糸1万5562斤、蚕種8259枚。敷島屋の藩専売はほぼ成功で、藩内だけでなく、広く上州全域や信州・奥州まで生糸・蚕種を集めて売り込んでいる。

安政の開港以後、生糸は巨大な需要の波に見舞われることになった。生糸の輸出額の推移を見ると、安政6年の横浜開港の年は48万7千斤（117万両）だったものが、翌万延元年（1860）にはほぼ2倍の81万斤（273万両）に増加し、文久2年には241万斤と巨大な量に達したのち、その後は大体130万斤（630万両）前後を上下した。そして需要の増加は、増産によって賄われたのである。

生糸ばかりでなく、蚕種の輸出もまた著しい金額になった。欧州における蚕病の流行によって、元治元年に45万枚だったものが、慶応元年には300万枚に急増、その後は150万枚、95万枚に落ちたものの、明治元年にはまた240万枚（1128万円）に急増し、同2年に140万枚（792万円）が輸出された。

ところが、好事魔多し。明治3年になると粗悪な生糸が出回って売れなくなってきたのである。このため藩は、前橋生糸の品質改良を図るため、同年5月、重役の深沢雄象（ゆうぞう）と藩士・速水堅曹に器械製糸の導入を命令している。2人はかねて地場産業であった製糸を藩財政の切り札にしようと強い決意を固めていたようであり、イタリア公使一行に接触していろいろ話をしたことは十分考えられる。堅曹の自伝『履歴抜萃』にも「イタリア人来る。これに私もまた尽力する」との記述がある。

その結果、公使らは器械製糸の必要性を速水らに意見したのではなかろうか。公使一行の来橋はその後の蚕糸業に対する藩の考え方を大きく前進させた。

速水らは翌明治3年3月25日、横浜のスイス公使館で領事シーベルと会い、上質の生糸製造についていろいろ話し合う中で製糸改良策を談じ、「外国人の指導者を雇って製糸場を経営すべきだ」との献策も受け、その手続きをくわしく尋ねて帰った。（速水堅曹『履歴抜萃』）

ただ、外国人雇い入れには多額の出費が予想され、藩内から異論も出たため、神戸在住のスイス人技師C・ミューラーをわずか4カ月という短期間雇い入れた。月給は1カ月300円。庶民の月給が10円程度だったから、お雇い外国人のコストはいかにも高額だったのである。

イタリアで13年間も生糸製造の教師をしていたというミューラーはさすがに製糸全般を熟知していた。明治3年7月20日（旧暦6月22日）に前橋へやって来て、7月には町内の細ケ沢（現前橋市住吉町）にあった武蔵屋伴七宅（現在の国道17号線と向町通りの交叉する地点）を借り上げ、小規模な藩営前橋製糸場を設立した。これが日本最初の器械製糸場で、わずか6釜＝6人取り。動力も当初は水車でなく人力であり、2本の軸に6個ずつ糸枠がつき、2人1組となって繰糸するイタリア式だった。

速水堅曹は直接運営を任され、ミューラーから手取り足取りで自ら率先して器械製糸技術を学んだ。技術を体得した速水は、県内はもとより全国各地から集まる人々に惜しげもなく器械製糸技術を教え、同製糸所は器械製糸技術の全国的普及に向けて最初の拠点となった。

続いて前橋製糸所は大渡に移り、こちらは12人繰り工場だった。このとき研修にやって来た水沼製糸所（明治7年、群馬県）の星野長太郎を始め、熊本の長野濬平は西日本で最初の器械製糸所「緑川製糸所」（明治8年）を開業、また宇都宮（栃木県）の川村迂叟は工女を伝習に送り込み「大郡商舎」（明治7年）を設立した。

しかし、いち早く開業した前橋製糸所は、先駆的工場ではあったものの企業経営としてはあまり好成績をあげていない。廃藩置県によって明治5年6月には群馬県に引き継がれ、6年1月小野組に払い下げとなった。小野組没落後は勧業寮に継承され、さらに8年6月には前橋の製糸企業家勝山宗三郎に買い取られ平凡な工場となった。また、小野組が明治4年に開業した築地製糸場も東京での立地が不適当であったため6年6月に閉鎖されている。

ミューラーが指導したイタリア式は、繰糸鍋が金属製の半月形で、抱合はケンネル式、三者直繰（のちに再繰式に改めた）で、繰糸者2人につき1人の煮繭工を配した煮繰分業であり、要部以外は木造の和製。水車を動力とする簡易な装置であったから、明治初期の企業家にとっては導入しやすかったのかも知れない。それが2年後に完成する官営富岡製糸場に先立って草高17万石の前橋藩が製糸器械化の先鞭をつけ、各地から伝習生を受け入れることによって、器械製糸技術の全国的普及の最初の拠点になった歴史的意義は大きい。

前橋製糸所は、明治4年夏に訪れた前出のブラックが書いた紀行文によっても、動力は水車でなく人力であり、2本の軸に6個ずつの糸枠が付き、2人1組となって操糸するイタリア式だったことが知られている。それによると、

「私たちはひとりの大変利発な紳士を訪問したが、彼は親切に私たちに手で動かす機械を見せてくれた。この機械には2本の軸があって、部屋の両側に渡してあり、各軸は6つの車をまわしていた。各車のこちら側にはひとりのムスメがつき、その向かい側にはもうひとりのムスメが坐り、2人の間には湯を満たした小鍋が置かれ、繭が入っていた。一方のムスメの仕事は湯の中の繭を2本の竹の刷毛（はけ）の先であやつって、相手のムスメに糸の端を分けて渡してやる動作をくりかえすことであり、もうひとりのムスメは繭7つ分もしくは8つ分をまとめて車に送る作業をするのである」

「この家には12の巻き枠があって、24人の女が働いていた。そして貯蔵室では、私たち

は市場に送る準備のできた生糸の袋をみた」

ここに出てくる紳士は前橋藩士・速水堅曹と思われる。天保10年、武蔵国（埼玉県）川越に生まれた速水は、慶応2年（1866）9月、藩主につき従って前橋へ転居し明治元年、29歳の時から藩命で生糸の改良などを担当するようになった。以来、生涯を通じて生糸と深く関わった。横浜に生糸の売り込み問屋「敷島屋庄三郎商店」を開いたのも速水だし、日本最初のイタリア式器械製糸場を開業したのも速水であった。

速水は器械製糸の先駆者であったばかりでなく、その後、内務省に入って明治12年富岡製糸場の第3代所長となり13年、生糸をフランスに売り込むための「同伸会社」を設立。製糸業界の近代化と直輸出を推進した功労者である。18年（1885）にかねて持論である富岡の民営化を実行するため再び第5代所長となり、競争入札で民営化（26年）されるまで官営期最後の所長を務めた。三井への払い下げにより富岡製糸場は21年間にわたる官営の幕を下ろした。

日本における生糸の生産（蚕糸業）は、明治時代後半にその基礎を確立して大正時代に入った。大正3年（1914）に勃発した第一次世界大戦後、アメリカ経済が発展するに伴って絹の需要が高まり、それにつれてわが国の蚕糸業も昭和初年には空前絶後ともいえる黄金時代を迎えるようになった。数量は明治以降、毎年増大の一途をたどり、昭和に入って1000万貫の大台に達した。そして昭和9年には最高1206万余貫を示した。これは明らかに生産過剰である。

近代日本の養蚕産業のピークは「昭和5年」である。5年には全国繭生産量（39万9240トン）、7年には生糸輸出量が最高記録を樹立した。生糸は生産量の実に84パーセントを輸出し、世界市場に占める割合は70パーセントに達した。全国47都道府県の平均で農家の4割が養蚕を行い、長野、群馬、山梨など上位10県では農家の7割が養蚕農家で占められていた。

昭和5年の生糸の全国生産数量は、1136万貫であり、そのうち器械系は1018万弱で89パーセント、座繰り糸は46万7000貫、玉糸が72万5000貫を生産している。

これを輸出額でみると、横浜開港の安政6年に48万7000斤だったものが、翌万延元年（1680）には81万2000斤にほぼ倍増。輸出金額はすべての輸出品の66パーセントに当たる。文久元年に92万7000斤、2年には一気に241万5000斤という巨大な量に達し、総輸出品の86パーセントを占めるまでになった。その後はいったん129万斤に落ち込み、大体１３０万斤付近を上下している。

わが国の輸出高は明治38年にイタリアの生産高を追い越し、42年には中国の輸出高を凌駕するほどの巨大なものになっていった。明治22年、松方正義蔵相は明治天皇に対し「日本の軍艦は総べて生糸をもって購入するものなれば、軍艦を購入せんと欲せば多く生糸を産出すべし」と言上。蚕糸行政の輸出重点主義は明治維新から太平洋戦争まで74年間にわたり一貫してきたのである。


養蚕農家は昭和４年に２２０万余戸、桑園面積は昭和５年に70万ヘクタール、収繭量は約40万トン弱とピークに達した。これが平成になると、養蚕農家は６０００戸、桑園面積は１万４０００ヘクタール、収繭量が２５１７トンになった。ピーク時と比べ、養蚕農家が千分の１、桑園面積が１２０分の１、収繭量が４００分の１である。日本経済に占める農産物の比率が1パーセント強に過ぎないから、養蚕業にいたってはゼロに等しい。

養蚕王国群馬県ではどうか。養蚕農家数が一番多かったのは明治34年の８万７８６７戸であった。桑園面積は昭和５年の４万８０００ヘクタール、収繭量は昭和14年の３万トンがピークである。

主要輸出品の長期推移－輸出総額に占める構成比の推移（1868～2012年）

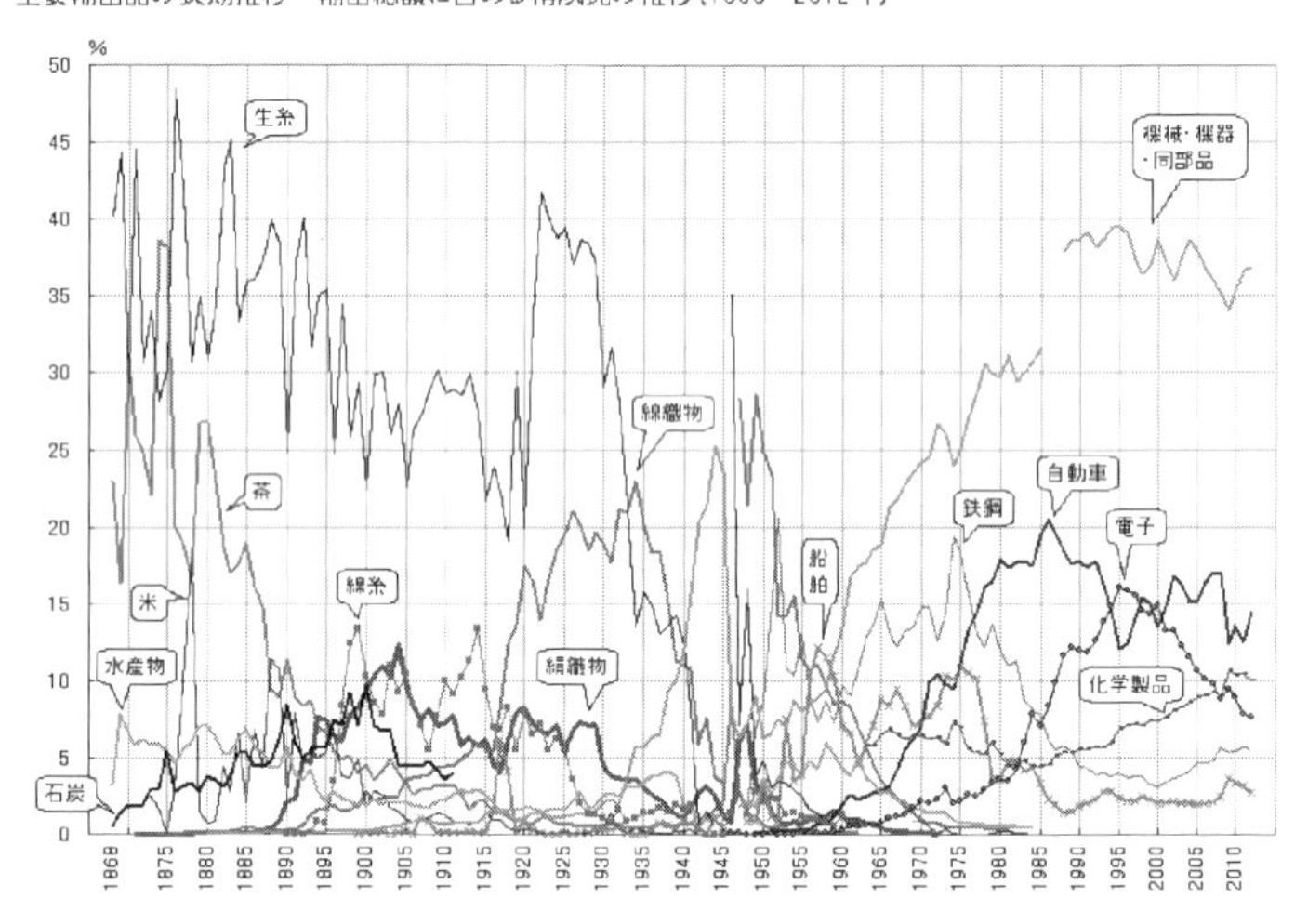

（注）機械・機器・同部品は「機械類及び輸送用機器類」（1985年以前）又は「一般機械」「電気機器」「輸送用機器」の計（1988年以降）から電子、自動車、船舶を除いたもの。電子＝事務用機器（コンピューターを含む）＋半導体等電子部品（ICなど）、水産物（1908-45年）＝塩蔵・乾燥魚介類＋缶・壜詰魚介類、水産物（1947年以降）＝生鮮魚介類＋魚介類調整品

（資料）財務省貿易統計、日本長期統計総覧、日本の長期統計系列（HP）、外国貿易概況平成5年6月号、明治以降本邦主要経済統計

現在はどうだろうか。養蚕戸数2320戸、桑園面積5680ヘクタール、収繭量1026トンである。全盛期の40分の1に減少しており、養蚕王国群馬においても、その凋落ぶりは甚だしい。

Ⅵ　伊香保温泉で休養

6月14日（旧暦5月5日）

一行の渋川に向けて前橋出発

前橋出発は14日午後1時であった。利根川の支流の一つを渡って、溝呂木（みぞろぎ）流域に入って、そこを流れる急流沿いに2里強行くと、人口1300人の村渋川に到着した。当地の産物は生糸、雑穀、隠元豆、多少のたばこ、わずかの米である。入手した情報によれば、7里離れた川田では日本人が大いに珍重する品質のたばこを大量に栽培するとのことであった。

渋川は榛名山の斜面に位置し、榛名山とその正面の赤城山は溝呂木流域を形作っていて、そこには急流への通路がわずかに一本通じているに過ぎない。村の主道はかなり広く、夫々幅2メートルの段で分断され、その中央に流れの速い小川が走っている。渋川の明るい様相はその日輝いていた太陽によってさらに一層明るくなり、村の背後に堂々と聳え立ち、松や柏や栗の密生した暗い林にすっかり覆われた峻厳な山と奇妙な対照をなしていた。

榛名山登攀（とはん）

午後4時に渋川を後にして、ただちに榛名山のひじょうに険しい小道に入り込み、山を登り始めた。2時間ほど歩いた後、その時まで四方八方を取り囲み高い木々に遮られていた視界が開け、広々とした眺望が見通せた。榛名山はもはや森林ではなく、ただ1枚の絨毯のように小さな草と花々に覆われていたので、目はその地方のすばらしさを容易に捉えることができた。利根川の大流域はそこに蛇行する多数の急流が刻み目を入れて、江戸を背にして北東に向かって消えていった。近くの山の背後には、下野国に聳え立つ高山の日光の頂きがのぞまれた。その山頂に立つきわめて古い寺には、徳川幕府の始祖に当たる権現の墓廟があり、権現の墓誌が今なお保存されている。これは日本において権現様の掟が掲示されている唯一の場所である。帝国の高位の人物のみが特別にこの墓誌の存在を識っている。ただし、その掟は主として外国人を日本から遠ざけ、キリスト教が原住民によって信じられるのを阻止することを狙っていることは明白である。それから石墨や沼田の方向に目を転ずると、無数の山々や連峰や渓谷が眺められ、越後と信州の両国の境をなし、上州の山岳地帯を形成している。

同種類の草木が伊香保近辺まで見られ、目には緩やかに映るが実際には険しく、一つまた一つと徐々に高くなる山々の斜面を越えていった。人員150名と馬35から40頭から成る一行が長い列をなして急な山道を上るに際してわれわれの受けた印象は、とうてい筆舌に尽くせないほど驚くべきものであった。渋川以降、伊香保近辺を除けば、もはや人家も田畑も皆無に等しかった。榛名山のほぼ山頂に位置する伊香保には、ひじょうに高い松の並木道を通って午後7時半に到着した。前橋からの行程は8里であった。

伊香保の麓でわれわれが目にした最初の人家はいくつかの水車小屋で、水車は山から湧き出る熱湯で回っていた。水車小屋の背後の村落は険しくそそり立ち、まるで切り立った絶壁の中に組み込まれているかのようであった。渋川と同様に、村を貫通する道は階段状の作りであるため、そこを馬が通り抜けるのは不可能であるばかりでなく、徒歩で行くにもひどく難儀である。もし道路と呼べるとすれば、それは滝状に落ちる熱湯の流れる小川で分断されている。木造家屋は老朽化と湯気のため黒ずんでいる。したがって村の光景はひじょうにうっとりさせ簡素で絵のような印象を与える。

前橋で2泊した一行は14日午前中はゆっくり休んだのち、昼から伊香保温泉へ向かって出発した。天気は「上天気」（前橋市史）に恵まれ、多くの見物人が群集する中での出立となったようだ。

しばらく行き利根川を越えると、渋川に入る。渋川から伊香保までは山中の寂しい道となる。しかし、深い木々の間を通り抜け、いったん一定の高さまで達すると広々とした眺望が開け、素晴らしい景色が四方八方に広がった。

上州は霊泉と名山の国である。天然の名湯は湯治の人びとを招来させ、薬湯として日本国中に知れ渡った草津温泉、坂東霊場水沢観音と一体となって人びとを誘った伊香保温泉。わが国には、温泉地と呼ばれるところが１５００以上もあり、温泉の多いことや泉質の種類の多いことでは世界一である。しばしば温泉国とも呼ばれる。

江戸文化の爛熟期といわれる文化文政のころ江戸で出版された『草津風土記』の中で書かれた江戸時代諸国温泉一覧という番付を見ると、全国98の温泉地が取り上げられているが、最高位の大関には西の有馬に対して、東の大関が草津温泉。伊香保温泉も前頭四枚目に取り上げられ、四万温泉を加えて上州三湯と言われていた。

伊香保は垂仁天皇のころに開湯したという伝承はともかく、文亀元年（１５０１）に連歌師の飯尾宗祇が逗留し連歌の座を開くなど歴史は古い。東海道中膝栗毛の著者である十辺舎一九も訪れており、「くさつ（草津）におとらぬはんじょうにて、入とうのりょじん（旅人）おびただしく、ことに此ゆ（湯）は、ふじん（婦人）によきゆへ、おんなきゃく（女客）おおくにぎやかなり」とその繁昌ぶりを記している。

温泉の所有権（湯権）は山林原野と同じく領主のものとされ、伊香保温泉の場合は天正年間に白井城主長尾輝景から家臣であった12人の地侍に分け与えられた。12支と同じ数なので、子（木暮武太夫）、丑（木暮八左衛門）、寅（木暮金太夫）、卯（島田平左衛門）、辰（岸権左衛門）、巳（岸六左衛門）、午（永井喜左衛門）、未（大島甚左衛門）、申（岸又左衛門）、酉（千明三右衛門）、戌（後閑弥右衛門）、亥（島田治左衛門）とそれぞれ「大屋」と称する家に湯の支配権が分配されたわけで、延享3年（1746）の9代将軍家重の時代に石段街左右6軒ずつの温泉宿12軒に12支を名付け、名主や関所役人を務めさせた。その子孫によって次第に温泉宿の形が整えられ、その特権は独占私有化されていったのである。

温泉の権利が長尾氏の家臣団によって独占され、それが長く明治以降も定着していったのは湯の絶対量が不足気味だったからである。湯量の豊富な草津温泉との違いはそこにある。温泉宿が客屋という27人に限って認められた熱海温泉も同様である。

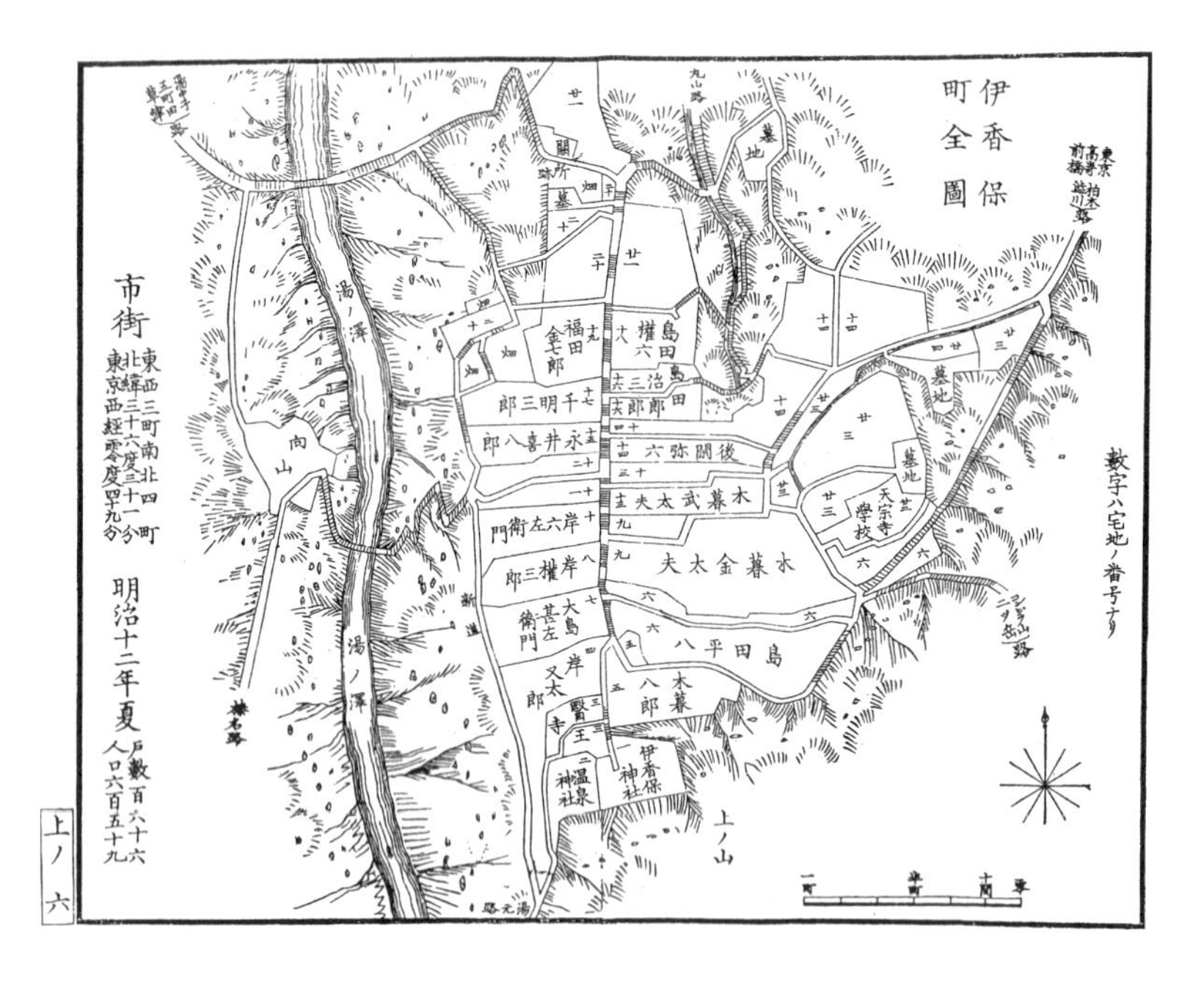
伊香保町全圖
市街
東西三町南北四町
北緯三十六度三十一分
東京西経零度四十九分
明治十二年夏
戸數百六十六
人口六百五十九
數字ハ宅地ノ番号ナリ
湯ノ澤
向山
天宗寺
學校
伊香保神社
温泉神社
上ノ山
上ノ六

寛永16年（1639）、豊後7万石の城主、中川内膳正（ないぜんのしょう）久盛の夫人は伊香保の話を聞いて心を動かされ、一カ月余にわたってのんびりと伊香保に遊んだ折に、『伊香保記』という手記一巻を残している。

「伊香保というところの出湯たづねて行し人ありけるが、山里のおもしろかりつる事ども、かえりきてかたりければ、いかで見ばやと、ところのさまゆかしう、かつはむさし野のちぐさの花も見まほしうおぼえて、秋のなかばの比おひ、まだ有明の月ものこれるに、露とともにをき出て行けり」

9月13日（旧暦8月16日）の早朝、中川夫人は江戸を発った。城主の妻という身分上おそらく輿に乗り、伴の侍や女中衆を従えた十数人の旅であったと思われる。江戸の町を一歩出ると、そこはもう武蔵野の原である。夫人は道々秋の花の美しさに目を奪われ花鳥風月を楽しみつつ、時折山路に輿を留めたりしながら優雅に和歌を詠じ、中山道沿いの名刹に次々と立ち寄って道草を重ねている。

前橋では総社藩1万石の初代藩主秋元長朝が菩提寺として慶長12年（1607）に建立した光厳寺を訪問。真新しい荘厳さに目を奪われ、境内の岩屋（蛇穴山古墳の岩室）を案内してもらった。翌日は水沢観音として名高い五徳山水沢寺を詣でて、いよいよ伊香保の里に入った。

閑雅な伊香保の環境は夫人の心から俗塵を洗い去り、風流の世界に遊ばせるに十分だったようで、逗留中に榛名山の美しさを耳にすると榛名登山を強行。

「苔むしふりたる木ども数しらず、高き峰より深き谷さしてつづき、まなくおひたるが、下葉のこらず紅葉して、ただ錦かけ渡せりと見えておもしろき、いはんかたなし。目も驚くばかりになん」と紅葉の見事さをすっかり気に入ってしまう。


榛名の内懐に抱かれた伊香保は、榛名山二つ岳中腹の北東斜面に位置する石段街の温泉として知られる。眼前に赤城、子持、小野子の山々、利根の清流、北に谷川連峰、遠く遙かに日光連山を眺望する標高８５０メートルの高地にあり、交通に恵まれているので四季を通じて賑やかで年間百万人の人々が訪れる。

江戸時代には子宝の湯で知られ、圧倒的に女性の入湯客で賑わったようだ。眺望に富む素晴らしい立地条件は、その昔「いいかほ」と言われ、これが転訛して伊香保と呼ばれるようになったと伝えられている。ちなみに草津温泉の湯は硫化水素の強い異臭が特徴で、「臭い湯」すなわち「臭い水」「クサミズ」が呼称になったものである。

伊香保は明治12年（1879）7月に孝明天皇の皇后で明治帝の嫡母だった英照皇太后の行啓があり、23年には御用邸が置かれたことから、単なる湯治場でなく文学者をはじめ貴顕紳商の保養地として注目された。徳冨蘆花は明治31年5月に伊香保仁泉亭を訪れて以来、愛子夫人ともども「余等に嬉しい土地」であり、「常に新生、復活、産後の保養、若しくは新運動の胚胎を意味」するとして気に入り、出世作となった名作『不如帰（ほととぎす）』を世に出した。これを機に伊香保の名は全国に広まり、以後、明治30年代から大正、昭和にかけて芥川龍之介、与謝野晶子、島崎藤村ら多くの文豪たちが次々にこの地を訪れた。石段造りの街なみを挟んで櫛比する旅館、これを縫って幾条にも走る迷路のような小路等が独特の温泉情緒を醸し出している。現在では玄関口の渋川、屋上庭園のような榛名湖へはそれぞれ快適なドライブウェーで結ばれている。

伊香保温泉の役場前から榛名山方面に登って行くと、右側に徳冨蘆花記念館があり、左に観山荘がある。ハワイがまだ独立していた頃の代理公使だったロベルト・ウオーカー・アルウインの別荘で、当時の建物の一部が今も残っている。伊香保とハワイの深い関係もまた記しておかねばなるまい。

アルウインは米国フィラデルフィア生まれで、慶応2年22歳の時に太平洋汽船の社員として来日。明治元年に長崎で武智いきと結婚した。

当時ハワイは独立国で親日家のカメハメハ王、カラカウア王と代々親日家が続き、慶応元年（１８６５）には総領事を横浜に置き、同3年に親善協定を締結して日本人のハワイ移民が実現した。明治14年に来日したカラカウア王は、明治新政府を訪れた初の外国元首として横浜では21発の礼砲で迎えられた。王はハワイが日本と一つになることを切望し、姪のカイウラニ王女と皇室との婚儀を望んだとされ、日本通のアルウインを日本駐在の総領事に任命した。

アルウインは毎夏避暑に来ていた井上馨の紹介で伊香保に別荘を購入、明治26年（１８９３）にハワイが米国に合併されて自然解任されるまで毎夏家族を連れて伊香保に滞在、伊香保の人びとにも愛された。

上野国伊香保温泉繁栄之図（大判三枚続）明治15年（1882）三代歌川広重 榎本藤丘衛板

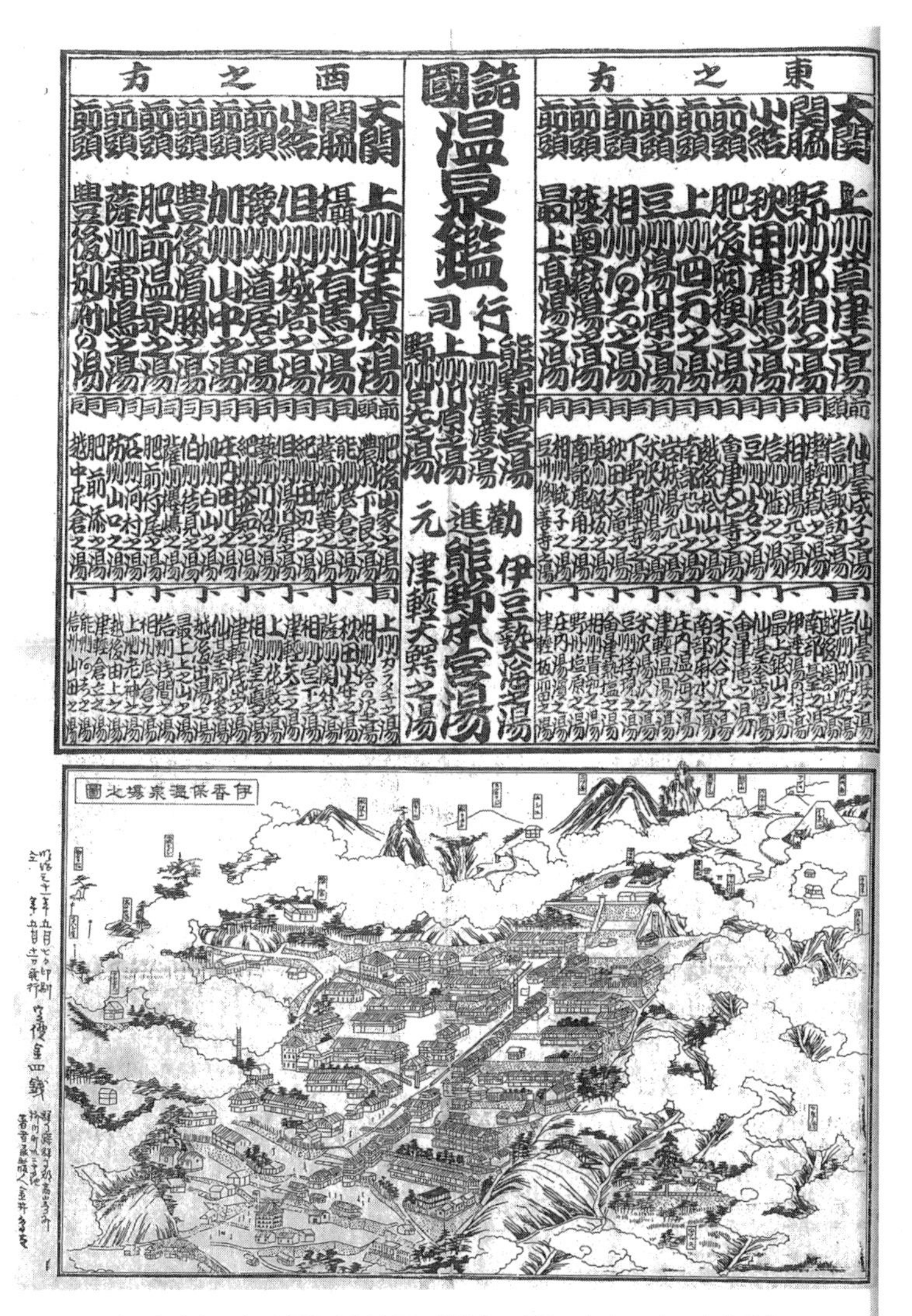

諸国温泉鑑・伊香保温泉場之図（藍摺） 明治31年(1898) 金井重吉

榛名山の湯治場

三つの高い連峰が山頂を形作り、連峰の麓は伊香保から坂道でわずか1里の距離に過ぎない。一括して三岳（さんたけ）と称されるが、それぞれ個別の名称があって、岳［三つ岳］、相馬［山］、浅間（せんげん）［山］という。一塊の砂糖の形状をなすこれら三連峰の麓からは、温泉が噴出して、皮膚病に効き目のある湯治に利用されている。源泉での水温はたいそう高温で蒸気の状態といえる。けれども伊香保近辺では華氏60度に過ぎない。地面そのものがこの蒸気をたっぷり含んでいるので、7、80センチメートルの深さの穴を掘って手を入れても、過度の地熱のために数秒以上入れていられないほどである。

この温泉の源泉に日本人は内法で高さ1・25メートル、横2メートル、縦4メートルの戸の閉まる小さな洞穴を三つ掘った。床には竹製の簀の子が敷かれ、その下にある深さ2メートルの穴からは、息苦しい硫黄の蒸気が出ている。この場所にはいくつかの小屋が立ち、疥癬治療のためにやって来る日本人が宿泊する。ここで実施される治療法は5、6日間を要し、半日の間に患者は5分毎に穴への出入りを繰り返し、皮膚をマッサージして、大量の汗を出す。老若男女の区別なく20人余りが嬉々として忙しなくそれらの小さな洞穴に出たり入ったりしていた。だが、たとえ病人の痩せた身体からはこの種の治療の苦痛が察知されたとしても、かれらは極めて効能があるものと信じて疑わなかった。ほとんど冗談半分にその哀れな療養所の主人に、喉の渇きを潤すために冷たい水があるかと尋ねると、15分ほどしてガラスのように透き通った氷をわれわれに持ってきてくれた。氷はその時代にはまだ二つ岳の岩場の間で集めることができた。少なからず注目に値するのは、源泉地の緑そのものや洞窟の近辺や山全体に、あらゆる種類の小さな草やこの上もなく鮮やかな色合いの花といった野生の植物群がどれほど繁茂しているかを目にすることである。

通称二つ岳と琴平山という二つの峻嶺の登攀

日本人自身から思いとどまるように忠告されたにもかかわらず、私は険しさのためにほとんど通行不可能な二つ岳のきわめて高い頂きに登りたかった。山の三分の二は、登り道で絶えず出くわす巨大な岩石の塊の割れ目の間から生えている低い木々に覆われている。残りの部分は鉄色をしたむき出しの岩石に過ぎない。最終的に山頂は表面積が30平方メートル余りの真二つに割れた大きな岩になる。

16日に全員で琴平山に登った。ひじょうに高い峰で、二つ岳とは比べものにならない。琴平山の山頂にある小さな寺のそばに一人の隠者が住んでいる。

伊香保滞在

2日間の伊香保滞在は、主として横浜出発以来まったく体を横にしていない馬を休息させるためであった。日本の一般的な習慣で、馬が長途の旅をしなければならない時、体を横にするのを防ぐため、藁縄を厩舎の天井に結びつけて馬の腹の下を通してつける。この方法がわれわれの実地調査旅行の全20日を通じて実施された。

伊香保の人口は2000人で、近隣で栽培される雑穀を糧にしている。かなり裕福な人は前橋の米を調達する。伊香保の住民の産業としては、竹もしくは樅の根を用いた優雅な箱の製造につきる。

この村から沢渡（さわたり）までの距離は15里である。沢渡とその近辺では現在山繭がもっとも大規模に飼育されている。山全体が樫の若木で覆われ、これらの木々は小屋を組み立てるように互いに曲げられ結びつけられ、この種の蚕にとって安全な住居を形作っている。ところどころこの種の蔓棚の真ん中に百姓たちは木造の塔を建てて、そこから小銃を発砲し、山繭が大好物の鴉や他の鳥を追い払う。

上州国は大型ではあるが足のごく短い牛の産地で、農耕や運搬に用いられる。一本の綱で繰られるが、綱の一方の端は鼻の孔に開けられた穴に結わえつけ、他の一端は生殖器に結びつけられている。上州にはまた強く頑丈な馬も多数いる。雄馬はことごとく荷物運搬用の駄獣に過ぎず、雌は専ら繁殖用である。

榛名山は約50万年前にマグマが噴出して火山活動を開始、20万年に及ぶ活動の結果、富士山によく似た円錐形（コニーデ型）の大規模な成層火山に成長した。東日本火山帯に属する活火山で、榛名山の山体（体積１８０立方キロメートル）は、大部分が火山形成時に噴出した火山灰、軽石、溶岩などから出来ている。

ちなみに、火山とは「約１７０万年前から現在までの間に火山活動によって造られた山」と定義され、日本には２４５山ある。気象庁はそのうち1万年前から現在までに火山活動が確認されている１０８山を活火山としてきた。活動度や被害リスクの高い方からAランク（浅間山、阿蘇山、桜島など13火山）、Bランク（草津白根山、富士山など36火山）、Cランク（赤城山、日光白根山など36火山）、およびランク外の４類型に分けており、榛名山はBランクの活火山に分類されていた。

しかし、最近では休火山や死火山が突如として噴火する事態が多発したため実情に合わないとして段階的に見直しがされ、現在では「活火山」と「それ以外の火山」に大別されている。日本の火山噴火予知連絡会・気象庁による定義によれば、活火山は「概ね過去1万年以内に噴火した火山および現在活発な噴気活動のある火山」とされている。2013年に西之島、14年に口永良部島、御嶽山が噴火、今も吾妻山、草津白根山、阿蘇山、桜島などで火山活動が続いている。

巨大地震の後、数日~数年の範囲で近隣の火山が噴火する例として1960年のチリ地震や2004年のスマトラ沖地震があるが、富士山が噴火した9世紀と18世紀にもその前後に日本近海を震源とする巨大地震があった。

ところで、サヴィオが登山を試みた二つ岳は、6世紀初頭の最後の活動で生まれた溶岩ドームで、山頂部が3つに割れて雄岳（1344メートル）、雌岳（1307メートル）、孫岳（1272メートル）の3つに割れてしまった。しかし、麓から見上げると孫岳は余り目立たず、雄岳と雌岳の双耳峰のように見えることから二つ岳の名が付いたという。二つ岳の火山活動が週末期を迎えると溶岩ドームは隆起による圧縮・膨張と冷却による収縮を繰り返す過程で至る所に割れ目を生じ、空気が通るようになった。これが「風穴」で、二つ岳にはワシの巣風穴、雌岳風穴、タカの巣風穴などが多数見られ、奥から冷たい風が吹き出ている。

榛名山の大規模噴火は二つ岳を造った6世紀の活動を最後に起こっていない。山頂の榛名富士（1391メートル）を中心に県立榛名公園として整備され、火口源湖の榛名湖（周囲6キロ、面積122万平方メートル、最大水深12・6メートル、透明度5・2メートル）は1220万立方メートルの水を湛え、夏はボート遊びや釣り、冬はスケートやワカサギの穴釣りと観光客を楽しませてくれる。

6月17日（旧暦5月8日）

一行の伊香保出発

17日午前7時伊香保を出発した。道路は、たとえあの坂道の行程とは反対方向であったとしても、かなり美しい眺望でないはずはなかった。だが雨と立ち込める濃い霧に災いされて、数歩先のものがかろうじて見分けられるに過ぎなかった。榛名山麓の南方に位置する村の野田に着くと、再び桑が栽培されていた。実際いくつかの蚕室を訪ねて、蚕は三齢期に入っていて健康で頑丈、すでに詳述したのと同一の管理と同様な方法で飼育されていた。野田の人口は500人、生糸の他に、米と雑穀を産出する。短時間留まってから、金古（かねこ）に向かって歩き続けた。金古は人口700人の村で、主要産物は米とわずかな生糸である。疲労と降り止まぬ雨とに苛まれて、蚕室訪問はできなかったが、それにしてもきわめて小口のものであった。

そこには遠藤鏘平氏一族や前橋藩主の護衛歩兵隊長が公使にはなむけの辞（ことば）を述べ、公使からの別れの挨拶を受けるために来た。かれらには、まれにみる大粒の珊瑚の玉がいくつか贈られた。それから高崎藩主によって遣わされた護衛隊長がやってきて自己紹介をして、ドゥ・ラ・トゥール伯爵に向かって藩主の名のもとに挨拶の辞を述べた。

金古に留まっている間に、町の一役人が一冊の収集帖をわれわれに見せてくれた。収集帖には、日本の古今の様々な芸術家が描いた素描が数多く収められていた。かれから、その収集に何か加えてほしいと頼まれた。かれを喜ばせようとして、ドゥ・ラ・トゥール伯爵夫人とわれわれのうちの数人がイタリアの風景と風俗のスケッチを何点か描いた。

一行は榛名山を下山したあと、野田宿から三国街道へ。三国街道は、北へ向かえば越後・佐渡に通じており、太平洋側と日本海側を結ぶ南北最短路である。越後と上州は昔も今も物的、人的に密接な関係がある。越後から三国峠を越えて渋川・金古などの宿が置かれ越後の長岡藩をはじめとする北国13候の参勤交代や佐渡金山を管轄する佐渡奉行が往来し、重要な物資の交流路でもあった。

通常、大名が泊まると宿場全体がうるおい、歓迎されたものだが、佐渡・新潟奉行は例外かも知れない。それは両奉行が「お定め賃銭」の継ぎ立て（人馬を送り継ぐこと）でとにかく賃銭が安く、しかも気遣いの苦労が多かったからだという。

野田宿の中央には本陣を務めていた森田家があり、現在もその豪壮な長屋門と蔵が残っていて宿場としての風情を見せている。森田家から上を上司、下を下町と呼び、さらに下の新田も後に宿に加えられ、他の敷地には養蚕農家も残っている。今は道路に沿って宿場時代の屋号が掲げられていて、宿場らしさを演出している。

金古宿は現在の高崎市金古町で、神保の代官屋敷がある。神保家大門として１９７７年に旧群馬町指定重要文化財になった。神保氏は旗本松田氏の代官として代々名主を務めた豪農で、たくさんの部屋がある主屋、総欅造りの表門、圏舎（牢屋）が残っている。

昭和28年6月までは高崎―金子―渋川間に電車が走っていた。本来ならこの線は上越線（昭和6年）の最有力路線のはずだったが、前橋町の陳情で新前橋駅回りの現路線に決定した。

再び馬上の人となったのは、正午頃であった。高崎と前橋の二つの護衛隊は、金古の門に至るまで、われわれを先導した。前橋の護衛隊は道の両側に整列して、礼儀正しく親愛の情を込めてわれわれに挨拶をした。これらの俊英の兵士諸君に別れを告げることは、まことに後ろ髪を引かれる思いであった。かれらはわれわれのどんな望みをも適えようとして、いたく気を遣ってくれたからである。全員が若くて背が高く、逞しく健康そのものであり、赤銅色の厳しい顔つきをしていたので、人と接する際の穏やかな物腰とは奇妙な対照をなしていた。

2時半ごろ、早くも高い松の茂みの間に高崎城の白壁が見え始めた。この町からまだ2キロメートルの距離があったに相違なかった。道路はこの地点ですでに広くなり、中央部分が細かい砂で盛り上がっていて、その上はいまだ誰も歩いていないのが判った。道普請のこの方法は、往事大君が旅した場合と同様に、専ら御門（みかど）が通る場所で行われるものである。伊香保から高崎までの距離は8里であった。午後3時、高崎に到着した。この地でも公使は前橋と同様に手厚い歓迎を受けた。

一行の高崎滞在

一天にわかにかき曇り、濡れ鼠となった町奉行と大名の筆頭家老がドゥ・ラ・トゥール伯爵に祝意を表しにやって来て、贈り物として鶏2籠と卵数箱を持ってきた。これら2人の高官は、この管轄区における今年の蚕の飼育量は昨年を上回ると断言した。農産物としては、雑穀・米・隠元豆・野菜がある。町の家屋は5000戸、人口は5万人である。その他種々の質問を受けた後2人は、関連の命令がすでに出ているので、公使に必要があればなんでも手配できると言い残して、別れを告げた。さらに60歳前後とおぼしき町奉行は、われわれの宿舎の門のところまで随伴した通訳の中山に向かって、外国人と面と向かったのは生まれて初めてなので、ドゥ・ラ・トゥール伯爵と言葉を交わした時、心底感動し、ほとんど恐怖を覚えたと告白したのである。

多少天気が回復したので、同じその日に4基の竈を擁する高崎の主要な製糸場を訪問することになった。計算によると、平均の生産高は前橋の製糸場のものより少ない。だが、確かにここでは生糸も緒糸もより巧みに繰りとられている。糸が挽かれていた繭は、通称「かけ合わせ」といわれるものであり、二化性の雌と一化性の雄の交尾による卵から孵化した蚕種によるもので交雑である。

高崎には大きな蚕室は存在しない。すべての家で蚕の飼育が行われているが、小規模なものに過ぎない。

翌日ある製紙工場を訪問したが、わずか2人の職工しか雇用されていなかった。用いられる糊は、大鍋の中で煮え立っているのを目にしたが、「野生もみじ」と称される草を原料として作られる。その草は山で採取し、その中の粘着性の成分を水中で1時間沸騰させて抽出するが、この作業後3日経ってはじめて使用できる。この工場から別の素焼き工場に移動した。その工場では形も絵柄もひじょうに優雅な大甕が作られる。これらの甕も深鉢や水盤や他の製品にしても同じ職人が手で回すロクロで製作される。ロクロの軸は鉄製で、台盤は木製で地面から15センチメートル離れた位置にあった。窯は屋外で半地下に掘られて粘土作りで、外観の高さは1メートル60センチである。

高崎は上州における近隣の管轄区で生産される絹を手広く商うもう一つの大中心地である。事実低い木造家屋の間に倉庫の林立しているのが見られた。倉庫はそれぞれ外側が土の、内部が木の造りで、扉と窓も同一の建材が用いられ、外観の色は光沢のある黒か白に近い。このような緻密な仕上げが施されているので建てるのに1、2年を要し、したがって膨大な費用がかかる。この種の倉庫は「蔵」と称され、高価な商品を収納して、火災から護るのに役立つ。横浜は1866年の火災で壊滅甚だしかったので、無傷で残る唯一の事例である。

高崎は中山道でも最も豪華な宿場の一つである。中世から交通の要所として越後への三国街道や富岡方面への分岐点でもあり、高崎藩8万2千石の城下町でもあったからだ。

高崎城は鎌倉時代初期に和田正信が築き和田城と呼ばれた。その後、慶長3年(1598)に徳川四天王の一人・井伊直正が家康の命令で箕輪城から高崎に移城。旧和田城を大改修するに際し、「高く大きく育つ」という龍光寺の白庵の意見を取り入れ、地名を高崎と命名した。

しかし、関ケ原の戦いなどあって在城2年で近江佐和山に転封となり、元和5年（1619）には安藤対馬守重信が着任、3代・76年間続いたのち、元禄8年（1695）、下野国壬生城から大河内（松平）輝貞が入城（6万2000石）、明治維新まで10代・150年間にわたって在任した。最後の藩主は輝声（てるな）。

寛永9年（1632）には3代将軍家光の弟・駿河大納言忠長が狂気であるとの理由から高崎に幽閉された。藩主の安藤重長は誠意をもって忠長を処遇したが、家光は重長に命じて忠長を自殺に追い込ませた。世にいう忠長卿事件である。

高崎城は廃藩置県後、兵部省管下となり、明治6年（1873）に東京鎮台の高崎分営が置かれ、西南戦争のあとは同17年に陸軍歩兵15聯隊の駐屯地となり、「軍都高崎」の色彩を強めた。日露戦争では乃木第3軍に入り旅順攻囲戦に参加、奪取した山が「高崎山」と命名されるなどの激戦を戦い、568人の犠牲者を出した。また、太平洋戦争では満州から南方パラオ諸島に派遣され、ペリリュー島の攻防で2個大隊分（2000人）が全滅した。

高崎は現在、交通の要所として、また文化観光都市として発展を続けているが、その基礎を築いた地元の実業家、井上保三郎・房一郎親子の名前を忘れてはならない。保三郎は井上工業の創始者として1936年、歩兵15聯隊の戦没者慰霊供養と観光のため莫大な私財を投じて白衣大観音像を建立した。

その夢を受け継いだ息子の房一郎はナチス政権から逃れて昭和8年に来日した建築工芸家ブルーノ・タウトの招聘や戦後、「物がなくても人々の心に灯をつけ、世界の言葉でもある音楽」に着目し、戦時中に活動していた音楽挺身隊や疎開していた音楽家を集めて高崎市民オーケストラ（現在の群馬交響楽団）を設立した。

高崎から下仁田まで上信電鉄という名のローカル線が出ている。この電車に乗って西へ1時間ほど揺られて行くと、途中に富岡市がある。もともとは加賀藩（石川県）の前田利家の5男利孝が立藩した七日市藩の所領で一万石。陣屋が置かれ、今は県立富岡高校となっている。

公使一行の旅から3年後の明治5年（1972）10月、ここに日本で最初の大規模な機械製糸場が造られた。目を付けたのは、明治政府からわが国初の官営製糸場建設を任されたフランス人ポール・ブリューナである。リヨン近郊で生まれたブリューナは生糸貿易会社社員として明治2年（1869）、日本に派遣され、横浜で生糸検査技師として働いていた。同年6月、伊公使一行から遅れることわずか半月後、ブリューナはイギリス公使館のフランシス・アダムス書記官に率いられる形で、他の2人の技師と共に、馬に跨って伊勢崎、前橋、安中（以上上野国）、上田、諏訪（以上信濃国）、甲府、八王子、町田などの養蚕地帯を実地調査して回った。

上信地方は養蚕の先進地として当時、外国人の強い関心を集め視察が相次いだわけである。調査は2度にわたって実施され、「日本は器械製糸を導入すべきである」との報告書がまとめられた。日本が器械製糸を導入すれば、高品質で均一の生糸が生産され、それをヨーロッパまで運ぶことによって大きな利益を生むのは間違いないからである。

この提案を受けた伊藤博文、大隈重信ら明治政府首脳は日本政府が主体となって工場を造れば外国資本の自由になることなく、技術も日本に定着すると考えたが、なにせ生糸のことにはからきし疎い下級武士の出身である。その中でただ一人、農家の出で養蚕に詳しい男がいた。養蚕地帯の血洗島（深谷市）出身だった渋沢栄一の出番である。

当時世界の生糸先進国は伊仏両国だが、日本政府が富岡工場建設にあたってイタリアではなく、フランス式を選択したのはひとえに渋沢栄一の考えに沿ってのことだった。渋沢は慶応3年（1867）将軍徳川慶喜の弟昭武の随員として1年余パリに滞在、明治元年

12月の帰国後は大蔵省租税正として貨幣制度など各種改革の司令塔になっていた。その渋沢が政府の法律顧問だったフランス人のアルベール・デ・ブスケと相談、横浜8番館（フランス）のE・リリエンタール商会で生糸検査技師をしていたブリューナに白羽の矢を立てたのだった。渋沢は日本側の責任者に同郷の従兄弟、尾高惇忠を指名し、プロジェクトは始動した。

ブリューナは明治3年（1870）6月に製糸場建設主任の仮契約を結び、長野・群馬・埼玉県下の候補地を再度視察して建設地を富岡に決定。11月に本契約（5年契約）を結んだ。71年3月から1年間、フランスに帰国して繰糸器などの器械・設備を購入、熟練技師、教育係の工女などを連れ帰った。

敷地5万5000平方メートル、建物はすべて木骨赤レンガ造り、西欧風2階建ての貯繭倉庫、長さ140メートルの繰糸工場、コロニアル風のブリューナ館などが往時の姿そのままで建っている。

当初はワインを飲むフランス人を見て「異人は乙女の生き血を搾って吸う」などの流言を生み、伝習工女がなかなか集まらなかった。このため、初代所長となった尾高惇忠は各県の豪農・士族の子女の入所を求め、1府13県から苦労して集めた工女は556人（明治

6年4月)。うち地元の群馬県が170人、入間県(埼玉)が82人、長野180人、栃木6人、東京2人、山形20人、宮城15人、岩手8人、奈良6人、山口36人などで、うち4割が士族出身者だったという。

ブリューナは明治5年(1872)10月の開業後は3年余り富岡にとどまり、翌6年6月に明治天皇の皇后と先帝(孝明天皇)の皇后が揃って行啓した際には同伴した妻アレクサンドリーヌと仏料理を作り、妻のピアノの演奏でもてなした。75年に契約が切れたのち、翌年3月に日本を離れている。

さて、富岡製糸場は平成26年(2014)6月、国連教育科学文化機関(ユネスコ)の世界遺産委員会で我が国としては18件目の世界遺産に登録された。

ブリューナが富岡を選んだのは、原料となる繭が容易に入手できること、広い工場用地、製糸に必要な水、蒸気エンジンを動かす石炭などが確保できるなどがあるが、積み出し港となる横浜に近いことが重要な要素となった。当時はまだ鉄道は開通前で輸送の主力は利根川を利用した水上交通である。江戸時代、群馬や信州の物資は中山道の倉賀野宿まで陸路で運ばれたのち、川船に積み替えて江戸方面に運搬された。実際、富岡で生産された生糸は、荷馬車などで倉賀野河岸に集められたのち小舟や筏に載せられ、さらに利根川中流域で親船に積み替えられ、関宿（千葉県）で江戸川に入り、東京湾を経て横浜へ向かったのである。

舟運が鉄道輸送に変わったのは明治17年（1884）である。当時、大名は華族となり、学制の制定、太陽暦の採用、徴兵制度、地租改正など目まぐるしく世は変わり、県名も岩鼻県、群馬県、熊谷県、第2次群馬県と変転した。群馬県産の生糸も「生死（製糸）業」と言われるほど価格変動が激しかった。

そうした中で、民営の高崎線は官営の東海道線（明治22年）より5年も早く開通した。東京と大阪を結ぶ幹線計画として当初は中山道経由と東海道経由の2案が考えられていた。まず明治5年（1872）に新橋～横浜間が最初の鉄道として開通。続いて関西で明治10年（1877）に京都～神戸間の営業を始めた。次いで政府としては早くから内陸を縦断する「中山道路線」を想定、上野・高崎間の測量を始めていた。

富岡で生産された生糸は、主に輸出に回される。そこで富岡から横浜を結ぶ路線が開通すれば大量の生糸を短時間で運び、飛躍的に輸出を増やすことが可能になる。

また、東海道側は船舶が通じているのに対し、中山道を路線にすれば内陸の開発に役立

版画「上州富岡製絲場之圖」（富岡市立美術博物館臓）

前橋ステーション（明治 17 年）跡の記念碑

つし、戦時には海から砲撃される危険がないという国防上の理由もあった。しかし、明治10年の西南戦争で政府が財政難に陥ったため、高崎線は民営の日本鉄道が肩代わりし民間資本で建設することになったのである

こうして上野・高崎間を4時間余で結ぶ高崎線が明治17年6月に中山道鉄道計画の一部として開通、同8月には前橋まで延伸された。日本で3番目。輸出品の代表である生糸の生産地と海外貿易港・横浜とを結ぶ日本版シルクロードはこうして出来上がったのである。ただ、中山道を日本の大動脈とする計画は幻に終わった。上州と信州の県境にある碓氷峠が難所となり、当時の機関車では標高1000メートルを登り切れないのだ。財政的な問題もあり、東西を結ぶ縦断鉄道が比較的平坦な土地が続く東海道ルートに落着したのは、明治19年になってからである。

当地にいる間に、ある人から数マイルしか離れていない信州国まで足を伸ばしてはどうかとの提案がなされた。ただし、熟考に熟考を重ねた後、われわれの目的に役立つと思われるあらゆることに助力を惜しまない姿勢を貫くドゥ・ラ・トゥール伯爵は

われわれ全員と共に、定めた計画に従って旅を続けるという、より好ましい選択をしたのである。その行程変更は、実施に際してさらに10日以上の日数を要し、しかもこの場合、使節団が上州における養蚕の全主要地点で行うべく定めた見学を割愛せざるを得なかった。わずか10日の間のあれこれ諸国を視察しようということは不可能だと確認されたのである。

信州国（長野県）は上州と並ぶ養蚕県である。横浜からヨーロッパに輸出される日本産の生糸の中で、一番品質が高く評判が良かったものは「マエバシ」と呼ばれていた。また「シンシュウ（信州）」というのもあったという。

明治時代前半、10年代までは上州が生産高で全国第1位の地位を誇っていたが、富岡製糸場が出来て機械製糸が普及してくると長野県の製糸家はいち早く器械製糸を取り入れ、明治22年には群馬県を追い抜いて日本一の製糸県に躍り出た。

繭糸生産量（養蚕）の全国統計が記録されはじめたのは明治19年だが、これ以後の統計によると生糸生産量（製糸）は明治22年（1889）以降は一貫して長野県が1位、群馬県が2位。一方、繭生産量（養蚕）は昭和23年まで長野県がトップの座を維持していたが、

2. 生 糸 需 給（暦年）

（単位:60kg俵）

年次	生糸 生産数量	生糸 輸入数量	生糸 輸出数量	国内引渡 数量	在庫数量 (年末現在)	西暦
明治11	22,663	…	14,533	…	…	1978
12	27,824	…	16,372	…	…	1879
13	33,310	…	14,617	…	…	1880
14	28,819	…	18,128	…	…	1881
15	30,940	…	28,943	…	…	1882
16	28,528	…	31,315	…	…	1883
17	35,626	…	20,991	…	…	1884
18	31,749	…	24,572	…	…	1885
19	44,931	…	26,717	…	…	1886
20	50,324	…	31,474	…	…	1887
21	46,559	…	47,006	…	…	1888
22	60,417	…	41,283	…	…	1889
23	57,630	…	21,103	…	…	1890
24	73,552	…	53,626	…	…	1891
25	74,877	…	54,315	…	…	1892
26	81,884	…	37,153	…	…	1893
27	86,960	…	64,847	…	…	1894
28	106,828	…	58,115	…	…	1895
29	96,691	…	39,191	…	…	1896
30	102,590	…	69,199	…	…	1897
31	98,299	…	48,373	…	…	1898
32	122,883	…	59,469	…	…	1899
33	118,372	…	46,309	…	…	1900
34	117,809	…	86,977	…	…	1901
35	120,890	…	80,781	…	…	1902
36	124,867	…	73,155	…	…	1903
37	124,795	…	96,586	…	…	1904
38	121,820	…	72,419	…	…	1905
39	136,896	…	103,836	…	…	1906
40	153,311	…	83,544	…	…	1907
41	169,467	…	115,219	…	…	1908
42	181,391	…	134,694	…	…	1909
43	198,405	…	148,462	…	…	1910
44	213,415	…	144,560	…	…	1911
大正元	227,810	…	171,026	…	…	1912
2	223,814	…	202,286	…	…	1913
3	234,743	…	171,488	…	…	1914
4	252,865	…	178,142	…	…	1915
5	282,491	…	217,420	…	…	1916
6	332,348	…	258,291	…	…	1917
7	362,222	…	243,444	…	…	1918
8	297,485	…	286,244	…	…	1919
9	364,616	…	174,687	…	…	1920
10	389,925	…	262,028	…	…	1921
11	404,349	…	344,192	…	…	1922
12	422,253	…	263,280	…	…	1923
13	473,573	…	372,564	…	…	1924
14	517,770	…	438,449	…	…	1925
昭和元	568,832	…	442,978	…	…	1926
2	617,519	…	521,773	…	…	1927
3	661,515	…	549,256	…	…	1928
4	705,775	…	580,550	…	…	1929
5	710,314	…	477,438	…	…	1930
6	730,176	…	560,688	…	…	1931
7	693,170	…	582,216	…	…	1932
8	702,676	…	484,035	…	…	1933
9	754,056	…	552,215	…	…	1934
10	728,878	…	554,996	…	…	1935
11	705,458	…	505,300	…	…	1936
12	697,909	…	478,584	…	…	1937
13	719,202	…	477,909	321,079	…	1938
14	693,623	…	386,030	395,815	…	1939
15	712,804	…	293,691	357,923	…	1940
昭和16	654,908	…	142,751	449,275	…	1941
17	452,941	…	8,171	463,353	…	1942
18	355,903	…	12,513	311,426	…	1943
19	154,026	…	1,022	…	…	1944
20	87,075	…	…	…	…	1945
21	94,192	…	86,427	…	…	1946
22	119,773	…	17,273	57,782	154,388	1947
23	144,315	…	80,032	141,183	77,488	1948
24	175,375	…	48,663	138,664	65,536	1949
25	176,993	…	94,622	132,792	15,115	1950
26	215,268	…	68,379	144,833	17,171	1951
27	256,687	…	70,185	191,976	11,697	1952
28	250,721	…	63,422	187,987	11,009	1953
29	257,915	…	75,986	179,790	13,148	1954
30	289,476	…	86,514	199,017	17,093	1955
31	312,787	…	75,366	232,404	22,110	1956
32	314,775	…	73,886	237,828	25,171	1957
33	333,573	…	46,759	203,629	108,356	1958
34	318,677	…	89,577	276,909	61,547	1959
35	300,796	…	88,323	256,913	17,107	1960
36	311,311	…	70,101	245,287	13,030	1961
37	331,601	1	77,448	254,861	12,323	1962
38	301,318	66	50,806	241,234	21,667	1963
39	324,306	429	37,259	283,968	25,175	1964
40	318,438	5,451	17,285	316,136	15,643	1965
41	311,572	20,665	8,790	323,673	15,417	1966
42	315,435	30,002	3,729	342,387	14,738	1967
43	345,913	21,824	9,436	343,368	29,671	1968
44	358,090	43,726	3,072	405,038	23,377	1969
45	341,924	65,978	1,242	407,569	22,468	1970
46	328,071	98,510	1,146	407,835	40,068	1971
47	318,945	168,641	355	503,513	23,786	1972
48	321,943	143,341	146	455,689	33,235	1973
49	315,603	98,677	786	363,560	83,169	1974
50	336,146	41,078	-	389,281	71,112	1975
51	298,078	35,819	-	357,217	47,792	1976
52	268,036	55,918	-	293,403	78,343	1977
53	265,959	83,833	-	352,546	75,589	1978
54	265,829	60,467	-	299,724	102,161	1979
55	269,247	49,598	-	262,619	158,387	1980
56	247,012	15,524	-	250,524	170,399	1981
57	216,542	38,252	-	265,649	159,544	1982
58	207,611	40,479	-	220,369	187,265	1983
59	179,662	25,358	-	202,007	190,278	1984
60	159,859	34,964	-	218,224	166,877	1985
61	139,013	32,616	-	176,342	162,164	1986
62	131,073	24,280	-	178,795	138,722	1987
63	114,362	32,612	-	225,580	60,116	1988
平成元	101,301	34,127	-	160,171	35,373	1989
2	95,347	35,369	-	132,170	33,919	1990
3	92,110	46,095	2	128,508	43,614	1991
4	84,748	25,999	-	114,731	39,630	1992
5	70,899	24,733	-	104,501	30,761	1993
6	65,017	25,719	-	93,728	27,769	1994
7	53,810	33,208	227	80,454	34,106	1995
8	42,976	34,608	-	84,132	27,558	1996
9	31,698	34,242	-	65,391	28,107	1997

資料：農林水産省農産園芸局調査

備考：1　生糸には玉糸を含む。
　　　2　生糸輸入数量は、平成８年から農畜産業振興事業団の調査による実需者輸入分と一般者輸入分とを合わせた数値である。

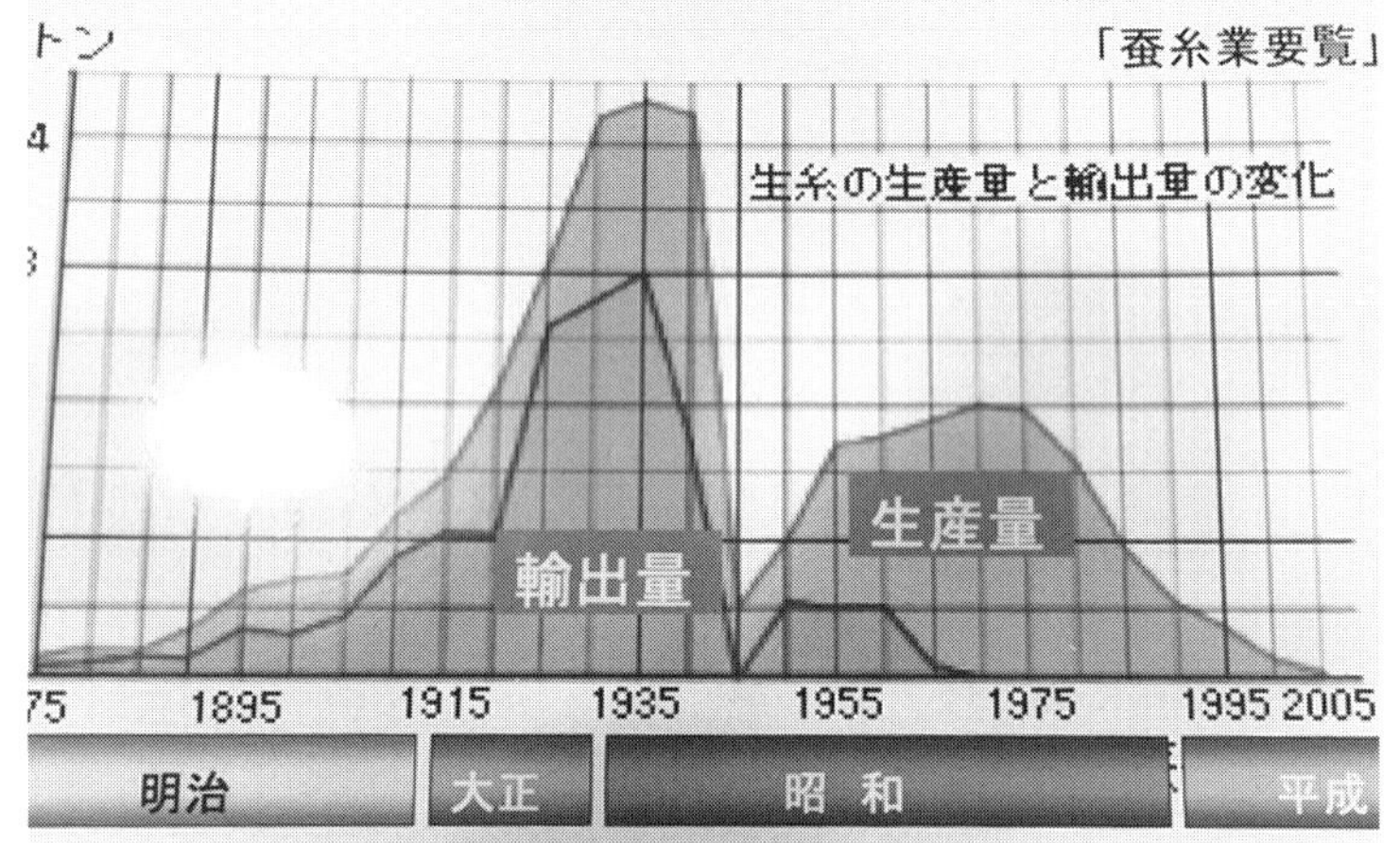

翌24年から1、2位が逆転して群馬県が首位となっている。

製糸の改良は、大別して2つの方法で進められた。1つはヨーロッパ式器械製糸法による進歩的な器械と技術によって、商品の価値を高めようとした取り組みである。1本の長い棒にいくつもの小枠を付けて、水力や蒸気の力で一斉に回転させるもので、女工は両手で繭から糸をとる作業に集中できるから能率がぐんと上がるのである。政府が主役をつとめ、民間がそれに追随した。もう1つは日本伝統の繰糸器具である座繰り器を改良し、結社による組織で揚げ返しを行うことで商品の統一を進めようとした動きである。民間が推進し、政府はこれを後援した。

群馬県では工女が自分で糸枠を回す座繰り製糸が発達、小枠に巻き取った生糸を揚返場に集めて大枠に揚返し、共同出荷する改良座繰りが中心になっていったため、生糸生産高では長野県に一歩譲らざるを得なかった。群馬県で本格的な機械製糸が導入されたのは明治末から大正時代になってからである。

いずれにせよ、信州と上州が明治以後100年間、お互いに競争し合いながら全国製糸業界をリードしてきた両横綱であることは間違いない。伯爵ら一行が高崎において、いったんは信州まで足を延ばそうと真剣な議論を交わしたのもそうした事情が背景にあったといっていい。

6月18日（旧暦5月9日）

一行の高崎出発

18日、備蓄食料の第2便が横浜から到着するやいなや午後1時に高崎を発った。山名に寸時立ち寄り、5時半に着いた藤岡は、人口1万5千人、絹の中小市場の町である。山名でも養蚕はあまり重要でない。

中村屋佐兵衛［か？または太左衛門か？］の養蚕場は当時の主要なものである。すでに5日前に出来た繭はその一部に、蚕蛹を窒息させて生糸をとるために火熱を当てる。残りの繭は生殖用で、一つ一つ藁床の上に整然と広げられる。中村屋の言によれば、10日前後で蛾が発生することになる。ひと籠別にされた玉繭は割合にして5パーセントである。ここでわれわれは「蛆」の初期の徴候を観察し始めた。養蚕場の主人はいくつかの繭を切り、蚕蛹によっては体が黒色のしみに冒されていることを見せてくれた。それを解剖すると、しみの下に「蛆」の生息が認められた。この小動物は、すでにかなり以前からわかっていて、上蔟前に蚕の胚に生存し、蚕蛹内で生命力を獲得し、蚕蛹そのものを死なせてしまった後、繭に穴を開けて出てくる。この寄生虫に起因する被害は凡そ低温下で、年により20から80パーセントの割合と差がある。だが、日本人はその原因を過度の寒冷と湿気だけに求めがちである。桑の葉の上に蠅が卵を産みつけ、蚕が葉と一緒に卵を食べる可能性の方が高い。

この割合は生殖用の蚕だけに基づいたものである。一方糸繰り用に使われるべき蚕については、蚕蛹の殺蛹は、「蛆」が繭から出る以前の段階で行われる。

6時半に藤岡を後にし、8時に鬼石(おにし)に入った。一日の行程は7里である。この村では家屋220戸と人口900人を数え、大量の米とわずかな雑穀が収穫される。

鬼石での最大の養蚕施設では産卵台紙6枚を飼育して、主人はそれをもとに600枚の生産を期待していた。蚕の飼い方が手抜きで悪く、蚕室が不潔で混乱しているのを、はじめて目にした。すでに熟蚕の多くは蚕棚の縁をうごめき、他は麹黴病やネグロ－ネが原因で死んでいた。この劣悪な飼育状況の原因は、飼養に狭すぎる場所と世話するのに不十分な人員に求められる。これに反して、同じ村のさまざまな他の小規模の蚕室では、蚕の世話が行き届き清潔であった。

そこでは蔟がセイヨウアブラナの小枝と稲藁で作られ、束に結わえられて天井に吊されていた。

鬼石の近隣ではモールス＝パピーリフェラ(紙の木)が栽培されている。その樹皮は煮沸によって木から剥がされ、大部分が大製紙工場のある駿河の国に送られる。そこで使用される糊は、駿河の土地の山に育つ「タモ」と呼ばれる草から作られる。

江戸時代、上州は北陸・西国方面に連絡する越後・信濃の両国をひかえた、江戸北辺の要衝地のため重要な交通路が交錯していた。中でも中山道は、東海道と並ぶ大幹線として栄えた。武州（埼玉県）から北西にのびるこの本街道は、上州の西南部を横切り、碓氷峠を越えて信州に入るため、加賀藩をはじめとする北陸・西国諸侯の参勤交代や、皇族・公家などが往来する最大の公用路であった。

一方、公用通行優先の街道に対し、物資流通の活発化に伴い、「脇往還（わきおうかん）」（裏街道）も発展した。上州の西部では、中山道の南に、中山道新町宿から西に向かって藤岡・鬼石・万場・十国峠を経て信州南佐久に通じる十国街道、藤岡で分かれて鏑川沿いに吉井・富岡・下仁田を結ぶ下仁田道が発展し、西上州産の絹、麻、煙草、紙などの輸送路であり、信州米の流入路でもあった。

江戸時代に商品の流通が活発になると、武士優先の本街道を避けて脇街道の利用が盛んになった。厳重な関所がないことや、地形が比較的険しくないなどで女の旅人が好んで利用したため「姫街道」とも呼ばれ、信州から江戸へ向かう重要な道路となった。

藤岡周辺では良質の日野絹を中心にして、元禄の頃には高崎、富岡などの絹市で取引が始まっている。絹市が立ち、大阪・京都などの豪商との取引も盛んに行われていたという。

倉賀野宿では、中町信号の左手に「御伝馬人足継立場跡」の石碑が立っている。その先左手、交番の隣にスーパー丸幸の駐車場がある。昔の勅使河原本陣跡で道路わきに「本陣跡」の石碑。駐車場の角を左折して進み、川に突き当たったところが船着き場、昔の水陸交通の要地だった倉賀野河岸である。

利根川沿岸には多くの河岸があり、倉賀野河岸はそう古い方ではない。しかし、信州方面からの物資を船積みするには有利な条件を備えていた。少し下流の川井河岸、新河岸、玉村河岸などは三国街道から積み出された物資を扱い、倉賀野河岸は烏川上流の上州や信州方面からの物資を運送するようになった。

中でも大きいのは大名・旗本の蔵米である。享保9年（1724）の記録によると、松代藩が1年に1万2000俵、松本藩の1万6000俵、上田藩の4300俵、安中藩の5000俵などが多く、旗本では100俵、200俵などというものもある。これらの米を江戸屋敷まで回送したり、年貢米のほかたばこ・砥石等も積み出した。帰りは行徳から塩・干鰯（ほしか）等を積んで帰った。

かつては烏川に沿った倉賀野宿の裏通りには船問屋が8、9軒もあり、船積み渡世の者が多く住んで活況を呈していたとか。舟運は積荷のほかに人形芝居や地芝居、屋台ばやしなどの文化ももたらした。それだけ繁栄した倉賀野河岸も明治17年（1884）の高崎線（上野・前橋間）開通によって終局した。

この日は午後の出発だったので、鬼石までの距離は7里。

Ⅶ

帰路は秩父の山越えで

6月19日（旧暦5月10日）

19日正午頃、鬼石を発つ。再び利根川を渡って武蔵国に入った。金沢（かねさわ）と日野沢という2つの村があり、それら2村で小休止して、3時半に家屋104戸と人口500人を有する村の金が崎［金埼］に到着した。

同地では大規模な養蚕は行われていなかったが、各人が入念に飼育に携わり、その後の糸を挽く行程は家庭の主婦の手に委ねられている。

再び歩き始め、大野原を通って7時に大宮に着いた。7里の行程であった。

武蔵国（埼玉県）に入った一行は、群馬県との境にある村々を通過して秩父を目ざした。その1つである渡瀬村（現児玉郡神川町大字渡瀬）は原善三郎（1827～1899）の出身地として有名である。

秩父街道筋にある渡瀬村は昔から農桑が盛んで、多くは半農・半商で生計を立てていた。原は先陣を切った上州の中居屋重兵衛より遅れて生糸貿易に本腰を入れ始めた。産地をよく知っていた原は、上州・武州の生糸情報を的確に把握しながら急速に商い高を伸ばし、慶応元年（１８６５）には横浜第一の生糸売り込み商になった。

原と同県人の渋沢栄一は「義にかなった利益の追求」を理念に掲げたが、当時の企業経営者の多くは国家的貢献、利益の社会還元は当然と考えていた。原も高額納税者として明治17年、皇居の造営費として千円を献上、翌年は郷里の渡瀬小学校の校舎新築に５００円を寄付、明治21年には製艦建造費として２万円の大金を献上している。

原の唯一の息抜きは庭造りで、野毛山の邸宅に珍樹泉石の大庭園を造り、故郷の渡瀬には天神山公園と称する別荘を築庭した。また、明治20年ごろになって本牧三の谷に５万余坪の広大な「三渓園」を築き、訪れた伊藤博文首相が松風閣と命名した。同園は善三郎と、原の孫娘・屋寿子の婿となった岐阜出身の原富太郎（三渓）の２代にわたる合作で、事業収益の社会還元として明治39年から横浜市民に無料で開放された。

富太郎は受け継いだ原商店を合名会社に組織替えし、明治35年には三井家から経営困難に陥った富岡製糸場を買収。原合名の富岡製糸場経営は37年間の長きにわたったが、その後は片倉工業に引き継がれた。

たばこと茶の栽培

人口618人の村、大宮は武甲山の山麓に位置する。蚕の飼育のほかに茶、たばこ、雑穀を大量に産出するが、米はほとんど採れない。たばこ栽培はきわめて広大な畑を占めていて、その場所ではかつて雑穀が収穫された。たばこの葉は一般に8月に摘み取られ、まず初めに日陰で乾燥されて、それからやっと黄色味をおびはじめるまで天日に当てられる。

茶は部分的に、丘陵斜面にある畑の縁取りをなす。場所によっては、かなり広い面積の土地を占める。もっとも柔らかな葉の収穫は年3回行われ、葉は商人が買い付けて、熱湯の蒸気を利用して整える。茶の木の栽培には多大な、まったく特別な手間暇がかかる。数多くの段々畑に百姓が集まって、鋤や鍬を手にして土地を耕しているのが見られた。その土地からはかつて雑穀が採れたが、その当時は稲田に変じていた。この作業というのは、畑はすでに水中に没しているが、刈株の入った土塊を掘りおこして肥料にしたのである。

日本人が産卵台紙から得られる収繭量

大宮で最も重要な養蚕場では主人のナカベヤ・トーエモンが産卵台紙14枚を飼育していた。蚕が普通寸法の蚕棚700枚を占めていたが、上簇前、すなわち上簇の3日か4日前の時期には、飼育家の言によれば、棚900枚を占めることになろうとのことであった。当時の蚕の状態では24時間ごとに3回給桑した。かれは断言して、産卵台紙1枚につき40キログラムの繭がとれるものと確信していた。蚕棚の清掃と蚕室に漂う清浄で健康的な空気から蚕室の管理の仕方を判断すると、かれの言は否めなかった。

「色は静岡、香りは宇治よ、味は狭山でとどめさす〜」と唄われた狭山茶の栽培は、鎌倉時代に明恵上人が広めたのが始まりとされている。江戸時代後期には、宇治茶の製法を学んで良質の煎茶を作り、江戸で売られるようになった。

横浜開港後、茶は生糸に次いで輸出の主要品目となり、狭山茶は横浜に最も近いという地の利を生かして盛んに増産、輸出された。明治初期には外貨獲得のため「狭山会社」が設立されたが、アメリカでは次第にコーヒーに人気が移り、さらには安価なセイロン茶が大量に供給されるようになったため、輸出量が一気に減少。狭山茶の市場は国内へと変わっていった。埼玉県の茶業は栽培面積で全国8位、紅茶生産量では12位を占めている。

19日に宿泊した大宮郷は、秩父の象徴ともいえる武甲山をはじめとする豊かな自然が豊富である。絹の大市をはじめとする秩父郡経済の中心地で、妙見宮の大祭（現在の秩父夜祭り）が行われる秩父郡の精神的中心地でもあった。近世は忍藩の支配下に置かれ、甲斐への出入りを取り締まる関所が置かれた。

養蚕が盛んで、上州桐生と並んで秩父絹として隆盛を極めた。各地に取引のための市が設けられ、大宮郷の妙見宮（秩父神社）では絹大市が開かれ、秩父銘仙として発展し、大いに賑わいを見せた。

また、現在「秩父夜祭り」として知られる冬の夜祭は、12月2〜3日に開催、大勢の見物客でにぎわう。数百人の若者によって曳航される絢爛豪華な6基の山車の曳き回しや冬の花火大会で知られ、京都祇園祭・飛騨高山祭などとともに早くから国の指定を受け、日本三大曳山祭、美祭りの一つに数えられているほど著名な行事。２０１６年12月にユネスコの無形文化遺産として全国33の「山・鉾・屋台の行事」が登録されて盛り上がっているが、別名を「お蚕祭り」と呼ぶことはほとんど知られていない。

江戸時代に養蚕や生糸作りが盛んになった秩父では、農閑期にあたる秋の終わりに大規模な絹の市が立つようになった。この絹大市を訪れる遠来の客を楽しませるために始まったのが、屋台や傘鉾の巡業であったと言われている。

余談だが、明治17年（1884）10月、「困民党」と名乗る民衆数千人が武装ほう起したことがある。横浜開港以降の生糸景気の中で秩父地方は養蚕や製糸業が盛んだったが、松方正義による緊縮・増税政策によって深刻な不況に見舞われ、生糸価格は大暴落。交渉・請願を却下された民衆は大宮郷を占領、「革命本部」を設け、鎮圧をはかった政府軍と戦闘。10日間の民衆蜂起は終息した。

鬼石を出て金沢―日野沢―金崎を経て秩父の中心である大宮郷までざっと7里だった。

過疎の数村

われわれの注意を惹いたことの一つに、鬼石以後通って来た山村の全道中を通じて、例外的に地方当局者の姿はあったにしても、人っ子一人見かけなかったことが挙げられる。家々の戸口という戸口と窓という窓が閉ざされていたのは、住民が野良仕事に専念していたのか、日本で要人が旅する際ままあるように、イタリア公使の通行時には家の中に潜んでいるようにとの命令がこの管区住民に発せられていたかのいずれかであった。金崎ではわれわれが短時間立ち寄った場所に、優雅な装いをしたまれに見る美しい娘がわずか数人近づいてきたに過ぎなかった。だが大宮では、村民ばかりでなく近郊の住民もまたわれわれの宿舎に通じる道沿いに大勢駆けつけてきた。しかも宿舎が道に面していたので、わざわざ高い板塀で囲まれるように設えられていたのは、われわれが存分に自由を享受できるようにとの計らいからであった。

瀧の枕山の通行

名栗まではわずか5里の行程だという確信のもとに、20日午後2時大宮を発った。稲田が驚くほど念入りに手入れされ、武甲山の周りを北向きに回る小さな谷あいを横切って、瀧の枕山を登り始めた。この山の絶壁からは横瀬川の急流が落下していた。瀧の一つはその盛り上がりの高さの点でも、巨大な岩間に砕ける凄まじい勢いの点でも、われわれの注意を惹かずにはおかなかった。それはまるで絵のような光景だったので、数分間足を止めて心ゆくまで鑑賞した。それからまた歩き続けて、芦ヶ久保に到着した。山地の住人が暮らす小屋がわずかにある村であった。これらの小屋の中でも蚕の飼育が行われ、われわれが目にしたのは三齢期のものであった。最適の場所とは言えないまでも、蚕は健康で丹精込めて飼育されていた。これらの山地の住人は繭ができると生糸を採っていた。得られた証言によると、この地では繁殖は行われないので、毎年蚕種を上州国から調達しなければならなかった。不思議なことに、この高山で同じような歳月で松と桑が育ち、また高い斜面に雑穀の穂が土塊からしっかりと屹立するのであった。日本人が農林業に長けていることに疑いの余地はない。かくして土壌は肥え、百姓は研究に励み丹念に世話をするので、ヨーロッパの人々はこの国の見事で豊かな様相を前にしてつい忘我の境に入ってしまう。

山の上り下りはこの上もなく険しい。一つの頂上から他の頂上へと巡って、いたるところ松や樫や楡や栗の木の密生した茂みの蔭に覆われた小道は、イタリア公使が通行できるように、最近修理されて草や枝が一掃されたばかりであった。さらに土を移動させる工事も若干行われたので、ほとんど人通りがなく、所によって雨で崩れていたその道路は通行可能となった。小川や奔流が小道の行く手を阻んでいる所では、板、竹竿、藁、土などを寄せ集めた橋様のもので、道が繋ぎ合わされていた。

一行の交通手段として終始、馬が使われたことは言うまでもない。馬が進む道路状況は必ずしも万全ではなかったが、草木の茂みでおおわれた細い山道は各地域の役人や住民によって一行が通れるように修理され、草や木の枝が取り払われていた。また、「小川や奔流が小道の行く手を阻んでいる所では、板、竹竿、藁、土などを寄せ集めた橋様のもので、道が繋ぎ合わされていた」と記されているように、急ごしらえの応急措置も巧みに施されていたようだ。

旅行記の冒頭にでも「日本帝国政府は、ドゥ・ラ・トゥール伯爵からの通知を受けて、われわれがまさに赴こうとしている外国人未踏の地方への旅路での不便と危険を、少しでも軽減するのに有効な措置を講じようとした」と記述されており、明治政府の指示に従って各地で受け入れ態勢と準備が周到に行われていたとみられる。

つまり日本側は警備の面だけでなく、官民あげて最高の歓待態勢を取ったわけである。こんなところにも、今も昔も変わらぬ日本人の「おもてなし」の心が生かされたのかも知れない。

横瀬川は秩父郡横瀬町・飯能市の二子山・武川岳付近に源流を発し、横瀬町、秩父市を流れ、その間に六番沢、関の入谷、大棚川などを合わせ秩父市黒谷付近の和同大橋近辺で荒川に合流している。川に沿って行くうちに急流を流れる滝が一行の目を奪った。

山の上り下りが予想以上に険しい。深い森や茂みに覆われた小道は地元の人々たちの手によってある程度整備されていたものの、馬の背は大きく揺れ、難儀したに違いない。

一行の名栗到着

すでに夜の帳がおりていたので、下山の歩行を照らしてくれたのは、迎えに来た人々の手にする百あまりの灯火とおそろしく巨大な松明であった。これらにくわえて、藁や薪を燃やした篝火の光が灌木の茂みや絶壁のところどころで煌々と輝いていた。

名栗に至るまでの道路沿いに一本の急流が流れていた。流れは峨々たる高山の峡谷を通って、瀧の枕から崖と峡谷の間を落下し、その間を縫うように細道が通っていて、しばしばこの田舎へのわれわれの来訪を機に設けられた橋を介して道は続いていた。

9里にも及ぶ長く難儀な歩行の末、午後10時半に名栗に到着した。

役人が2人いた。その役割は使節一行を案内し、宿所に前もって通知することであった。ある村に到着すると、何時そしてどの道を通って次の村に行くのかをあらかじめ取り決めてから、2人は一日中代わる代わる絶えずわれわれを先導した。先導しない者はわれわれに同行した。護衛騎馬隊中の兵士2名は、われわれより少し前に出発して、沿道で使節一行がこの方角に向かいつつある旨を告げた。名栗に赴いた日、大宮からこの終着の村までの距離を指示してくれた役人は瀧の枕山の経験がほとんどなかったので、9里の距離のところを間違って5里だとわれわれに告げた。到着時にこの男は犯した過ちにひどく心を痛めているように見えた。

名栗は人口1343人を擁する村落で、そこここに270戸の家屋が散在している。産物としては生糸、黒小麦、隠元豆、米などがある。だが、主たる商いは用材であり、江戸湾に最終的に注ぐ大川の支流にあたる急流を通って下流に運ばれる。

夜の10時半にくたびれ果てて名栗に到着。辺り一帯はすっかり暗くなっており、漆黒の闇の中の道行に些か心細くなりかけていた一行を、役人や村人が用意したであろう巨大な松明や薪が足元を照らして暖かく迎えてくれた。また、彼らは一行を迎えるため峡谷に橋まで架けて歓迎の準備を整えていた。行程に予想以上に時間がかかったため、女連れでもあった一行は思わずほっと溜息をついたであろう。

大宮郷から名栗までこの日の距離はざっと9里。

名栗も原市場もこの当時は入間郡に属していたが、現在は飯能市に合併されている。役人たちは過ちのないように一行を先導し、すべてに手抜かりが無いように細心の注意を払っていたが、この日の行程を5里と勘違いして一行に説明してしまったらしい。彼ら自身も山中の交通に深い知識がなかったためだが、そのことですっかり自信を無くし、しょげかえっていた様子がサヴィオには強く印象に残ったようだ。

山地の蚕室

気温は低く湿気があり、蚕室や戸や窓をことごとく固く閉ざしていた。方々に薪を燃料とする火鉢があった。主要な養蚕場では煙が充満して、ほとんど居たたまれないほどであった。蚕が一部がほぼ成熟し、その他は繭をすでに作り終えたり、作りつつあった。数人の女性が手で蚕棚のすでに糸を出すばかりになっている蚕を選別し、700から800の蚕が計れるような四角形の計量器[枡]に詰めては、他の蚕棚の上に作られた小屋型の簇に撒き散らしていた。すでに出来上がった繭と同様に蚕もたいそう見事であり、蚕室はこの上もなく清潔に営まれていた。

ゼンベイという名のその主人は通常繁殖による蚕種を飼育するが、商い用の産卵台紙の製造は手がけていない。習慣として、かれは1月に蚕種を真水の冷水に浸ける。これは日本の飼育家の間でほとんど一般的な習慣であるが、極上の品質ではないと判断する産卵台紙のものにかぎって行う。実施の手法は地方によって差異がある。ある地方では、産卵台紙を1回につき30秒間の割合で、連続3回水に浸ける。他の地方では、極寒の夜一晩だけ、しかももしその夜容器の水が凍れば、産卵台紙ははじめて正午に取り出す。また別の地方では、1月に30日間産卵台紙を水中に放置する。水に浸す期間の長短があっても、すべて産卵台紙を竹竿に吊して日陰で乾かす。日本人の言うには、蒲柳の質の蚕種はこのように水に浸した後には孵化しないので、桑葉と時間の無駄を回避できる。また水に浸した後でさえ良質の蚕種はたとえ北風が吹いても正常に孵化するものと、確信している。

上記の蚕室の主人は4枚の産卵台紙を飼育し、かれの計算では、それぞれの産卵台紙から繭が41から42キログラム得られるものと、ほとんど信じて疑わなかった。

名栗の近辺ではたくさんの桑樹が目についた。桑葉の裏側には白灰色の綿毛がかなり密生していた。それについて百姓たちに尋ねると、今年はこの隠花植物の発生が20パーセントの割合に達して昨年より多く、桑樹の風通しが悪い場所で発生しやすいという応えであった。したがってこうした山間のごく狭い峡谷でしばしば見られる事例であった。蚕にはなはだ有害なので、もし感染していれば葉を与えるのを差し控えるから、かれらは、葉の膨大な浪費の原因をなすその病気に対して桑樹の予防の手立てを知らないのである。

桑樹は畑の周囲を細道と小川に沿って、こんもりした小さな茂みではなく、高さ1メートルないしは1・5メートルに達し、かたまって生える立木として栽培されている。

草創期の富岡製糸場を見分してみると、地元の群馬県と並んでお隣の埼玉県の果たした役割が極めて大きいことが分かる。前述のように、富岡製糸場の本当の推進者が日本の近代資本主義の父ともいわれる埼玉県榛沢郡血洗島（現深谷市）出身の渋沢栄一（1840〜1931）であったことはよく知られるが、日本側の責任者も渋沢の従兄弟で義兄でもある尾高淳忠だった。尾高のあと、3代目の工場長となった速水堅曹も川越生まれの埼玉県人だったが、藩主の前橋入府とともに前橋へ移ったことは既に述べた。

また、製糸場の屋根に載せる瓦と壁を覆うレンガを焼く作業を受け持ったのがやはり深谷市出身の韮塚直次郎（1823〜1906）である。韮塚は郷里の瓦職人を呼び寄せ、レンガ製造用の窯を造り、何十万個というレンガを焼き上げた。

韮塚は妻が旧彦根藩出身だったことを活用して不足していた多くの工女を滋賀県から入場させている。滋賀県からは遠く離れているにもかかわらず、多くの工女が富岡に来て、その後は彦根に戻り、県営彦根製糸場で指導的役割を果たした。また、韮塚は富岡製糸場のすぐ近くに器械製糸場を開業、今もそのあとが現存している。

埼玉県との関係で言えば、工女の出身では群馬に次いで入間（埼玉）県出身者が多く、その役割は極めて大きい。この中には初代場長の尾高が工女の第1号として自分の娘である勇を送り込んだことも含まれており、黎明期の最大の難題だった工女の募集に埼玉県は大きく貢献している。

秩父から名栗までは9里の距離だった。悪天候に災いされて名栗には2泊した。

6月22日（旧暦5月13日）

一行の名栗出発

21日は悪天候に災いされて終日名栗に留まり、22日午前11時に出発して、進むにつれてますます広くなるあの同じ谷あいを通って、住民６００人の村の「原市場」に午後1時に到着した。

この地では大気も光も本来の力を得ており、草木はそれほど脆弱でなく、大麦や小麦や隠元豆の植わった畑には名栗近辺より豊かな収穫が見込まれた。

原市場では金錫寺（きんしゃくじ）と称する壮麗な寺院で小休止した。庭園の真ん中に最近建立された寺は、日本人のみが知る趣向の配置である。寺には絵画、青銅製品、彫刻が満ちあふれ、門扉や窓の彫刻も日本人特有の名品であり、繊細さと意匠の面で驚嘆すべきものである。

1時半頃、再び歩き出した。4時半に名栗から5里離れた飯能に到着した。

人口１５００人を擁する飯能は、朝廷軍と徳川の「家来」との抗争の最中昨年9月に発生した火災によって瓦礫の山と化してしまったが、最近復興されたのである。

飯能では、当地域の繁殖から満足すべき結果が得られないので、信州と奥州の産卵台紙50枚が飼育されていた。われわれが目にした少量の繭は最低の品質のものであり、不良の繭の割合は60パーセントに達していた。

観察全体を通じて、その管区の住民はいまだ飼育術に未熟だということが判明した。さらにヨーロッパ向けの産卵台紙の輸出が始まったので、かれらのこの産業への傾倒ぶりもわかった。

23日午前10時に飯能を発ち、樫と栗の木に覆われた丘を越えて、12時半に二本木に到着した。これら二村間の距離はわずか4里に過ぎなかった。

二本木では、雑穀や茶が栽培されている渓谷に少数の家屋が散在し、住人は1100人を数える。周囲を取り巻く丘には樫の木が生い茂り、丘と麓と人家の近くには桑樹が2・5メートルから3メートルの高さに伸びている。蚕の飼育は小規模であるが、普及している。当時4齢期にあった蚕はかなり良い方ではあるが、必ずしも望ましい仕方で飼育されてはいなかった。二化性のものはすでに繭を作ってしまっていて、その蛹の息の根を止めるべく、最初の収穫の用意ができていた。

「山繭」と呼ばれる山の蚕についての研究

入手した若干の情報によれば、二本木の近郊では山繭（山の蚕）がいくらか飼育されているに違いないと思われた。そこでこの管区で案内してくれる役人の頭目に、われわれの関心を大いに喚起するその話題についての情報の入手法を依頼した。その人物は村の役人たちのところに赴いた。村の役人は仲間内で長々と議論を交わした後、この種の蚕はこの近隣にはいないと応えた。しかしながら、すでにこの村でのイタリア使節一行に対する配慮のなさを見てとっていたし、前日からわれわれの到着と滞在を予め知らせておいたにもかかわらず、一夜を過ごすのに適当な宿の具えもないため、その夜のうちになんとか出発するようにと要請さえしてきていたので、かの役人の頭目はドゥ・ラ・トゥール伯爵の不満を察知して、村役人を召集した。門外で1時間以上にもわたって頭を地につくまで下げさせたまま、役人の頭目自身は座敷の中央に座ってかれらに話しかけた。彼らの態度を叱責して、そのうちの数名を逮捕させ、残りのものを解放したのは、即刻われわれの宿舎のためにあらゆるものを用意させて、厩舎を設けさせ、山繭についての正確な情報を入手させようとしたからである。――1時間後には、早厩舎は完成し、さらに1時間も経たないうちに、各地から百姓たちがたくさんの樫の木を持って続々とやって来たが、その枝にはあの野生の蚕が付着していた。それから広大な樫の森に赴いて、幾許かの見捨てられた野生の蚕を集めた。このようにしてわれわれは、二本木の近辺では苦労と経費が収穫に見合わないので、もはや数年来山繭の飼育が行われていないにしても、ただしその種の蚕は人間の世話を必要とせず、さしたる量ではないが自力で繁殖するのを確かめることができたのである。

中央からの指令の受け止め方は各地で様々だった様子だが、明治政府はすでに数日来、通り道となるはずの道路沿いに、イタリア公使の通行を予告しておいたので、至る所で当局、さらには民間側からも最高の歓待を受けた。案内役にはどこでも文官が当たったらしく、それも村ごとに交代した。

どこへ行っても、休憩地では西洋風の机とベンチ（椅子）が用意され、宿泊場所には馬を休ませるような厩舎も新設されて「飼料（カイバ）が不足することさえ全くなかった」という記述もある。特に、公使らが最終的に目指した上州・前橋では歓迎の装飾や儀式が町を挙げて準備され、宿舎にはベッドや皿、グラスなどヨーロッパ人の日常生活に欠かせない備品まで用意されていたとされる。

一行が通った村々では「群集がひしめき合い、道の両側の地面に頭を垂れていた」との描写が示すように、各地で華美な服装の男女がまるでお祭り騒ぎのように初めて目にする異人さんたちを出迎えたことは想像に難くない。２５０年にわたる鎖国が続いた江戸時代の間にすっかり「内向き」の思想が根付いてしまった日本では、外国人の姿をみることさえ日常とはかけ離れた驚きだったことが見てとれるのである。強い好奇心によって集まった群衆から、公使の身を護ることも警護に当たった役人たちの仕事の一つになったものの、「すべての人々の温和な性格や上品な物腰、あらゆる思いやりは日本人の人種的な特徴」とまでサヴィオに言わしめている。

もっとも二本木（入間市）で見られたように、村の役人が一行を厄介者扱いしたケースも例外的にはあったようだ。この村では宿の準備も十分せずに、早く退散してほしいというそぶりさえ見えたため、公使の世話をしていた上役が怒って村役人数人を逮捕したと記されている。お叱りを受けた側は即刻、厩舎を用意し、一行が欲しがった山繭（野生の蚕）を山ほど集めてきたという豹変ぶりが描写されていて面白い。

ある寺での一夜

この村でわれわれが泊まることのできる広くて相応しい唯一の宿舎は、長福寺（ちょうふくじ）と呼ばれる古刹であった。その寺は、内部は貧相であったが、付属の建物と僧侶の住居は、いずれも屋根が大きな藁葺きで高い松の木に囲まれ、さながら最も美しい一幅の絵のようであった。

真夜中僧侶たちが祭壇近く、すなわち自身のために確保し、襖でわれわれの部屋と仕切られていた唯一の場所で行う祈祷を耳にするのが、それほど長時間でなかったら、かなり興味をそそられ愉快であった。寺そのものに配置された大きな鐘を数回打ち鳴らして祈祷が始まり、これに太鼓の連打と小さな鐘の音が続く。かくして神々は（われわれ全員は言うに及ばず）目を覚まされ、僧侶は神々の注意を喚起し、小金槌で一種の大南瓜を叩くが、それは神々の大いに気にいる音色であり、さらにあらゆる種類の叫び声が発せられて祈祷が始まった。祈祷と祈祷との合間には、同じ楽器が再度辺りやわれわれの哀れな耳に鳴り響くことになるのであった。

二本木では本陣がないため、この夜は長福寺という名のお寺に宿泊した。この寺では夜中に祈祷を行う習慣だったのだろうか。一行が興味津々で寺の祈祷を眺めた模様が記されているが、木魚を叩きながらあらゆる種類の叫び声が発せられ、カソリックが大半のイタリアからやって来た一行は生まれて初めての稀有な体験をしたといえよう。

6月24日（旧暦5月15日）

八王子に向けて二本木出発

24日午前11時半に二本木を発ち、片側5列に松の古木が連なり、まるで絨毯のように一面低い草で覆われた幅10から12メートルの街道を通って、おそらく5キロメートルほど進むと、午後1時に拝島に到着した。歩いている間畑の緑に桃の葉に似たはの低木が1本あるのが目についた。その木は小枝がまばらについているだけなので、土壌への恵み豊かな日当たりの妨げにはならず、太陽の潤沢な恩恵を享受でき、専ら雑穀が風で地面に倒れるのを防ぐのに役立っている。

拝島の家々では45日前から繭が作られていたが、あまり良いものではなかった。さらにこの村では二化性の蚕が大量に飼育されていて、これまたすでに繭を作り終えていて、すべて道路沿いで天日に曝されていた。一化性も二化性も拝島での繭の収穫は生糸をとるために行われるが、大半の繭は生糸をとるのを意図する八王子の商人に売り渡されるので、たとえ以前にごく少量だとの主張を聞かされていたとしても、今年は販売用の二化性蚕種はほとんどないだろうと、われわれは個人的に確信した。

拝島の産卵台紙は出来が思わしくなく、飼育家たちは信州と上州の蚕種を調達せざるを得なかったとの話であった。本年この村で飼育された信州の産卵台紙は370枚あった。

午後4時頃拝島を後にして、多摩川を渡り、5時半に八王子（二本木と八王子の間は5里）に着いた。多摩川は、条約に基づき外国人が自由に立入できる半径10里の範囲の北限を画する川であり、川崎の近くで江戸湾に流れ込む。したがって八王子は近郊も含めて、すでにずっと以前から蚕種商人には周知の町であった。そんなわけで人によっては、八王子で観察したことからデータを引き出して日本での蚕の飼育について著作ができると信じていた。

八王子の産物と商業についての情報

八王子は人口３３６４人を有し、２つの地域に分かれる。１つは八日市で住民の数は１５２０人、他は横山で１８４４人である。二つの地域における絹、木綿、絹と木綿の混織、それぞれの機業の合計は25を数える。それぞれに平均して8台から10台の織機がある。織糸の大半は本州の南部で生産され同地で紡がれた木綿糸である。ついで八王子で染付けされ、専ら帯を作るために用いられる。帯は日本人が胴回りに巻いて用い、純絹や絹と綿の混織により作られ、幅が50から55センチメートルあって女性用である。織機はしばらく前にヨーロッパで見られ、今日なお場合によって百姓女が用いているのと寸分違わない形のものである。

この町を直線状に1本の太い道路が貫通している。甲州街道と称し、江戸を発し甲州を通って南の諸国に通じる。各種の蔵や広い宿舎や豪華に飾り付けられた茶屋が１つの地点から、他の地点へと続く。甲州街道が江戸と南の諸国を結びつける直線的な交通の要路であるという恩典に浴して、八王子は一大商業地をなし、一方多摩川が潤す土壌からは大量の米、麦、茶が採れる。

多摩川は甲州国に水源を発し、多摩郡の管区にある武蔵の村川崎に至ると、２つの支流に分かれる。1つは江戸に流れ込み、ほぼ全市と御門（みかど）の城には竹の導管伝いに飲料水を供給する。他は川崎すなわち横浜と江戸の間で東海道に面した同名の村の近くで江戸湾に注ぎ込む。

八王子とその近郊で上州の蚕種が飼育されているのは、地元の繁殖が芳しい成果をもたらさないからでもある。ただし昨年輸出向けの蚕種が作られたが、極めて粗悪な品質だと広く知られていたので、蚕種商は購入しなかった。しかし今年は蛆が大量に発生し、寄生虫が繭から出る前に、蛹が死んでしまった。

八王子には大きな養蚕場はないが、各家々では必要な世話も大してしないで細々と蚕の飼育をしている。一般に冬期には産卵台紙を桐箱に入れて保管し、厳寒の一日間水に浸しておき、その後乾かしてから紙袋に入れ袋の口は開けておき天井から吊して、悪性の発散物に汚染されていない部屋に自然に広げておいて、4月半ば頃産卵台紙を紙や綿で包む。1日に1回産卵台紙を調べ、生まれた蚕を雉の羽でブラシがけをして、できるだけ均等に成長するように、2日目になってはじめて葉を与える。

全齢期にわたって蚕に24時間に3回給葉する。6日毎に蚕座を変える。蚕が上がる蔟は円錐形である。蚕種をとるために用意された繭の上には、蛾が通れるように穴を開けた紙を広げる。蛾は6時間交尾でき、交尾後分泌液を分泌すると、水平に置かれてペンキを塗った枠で囲った厚紙にのせて、16から17時間そこに放置する。各産卵台紙に150匹の雌が用いられる。

八王子の飼育家が習慣として桑葉を一時的に露で湿らせることをしないのは、葉が湿っているとまだ小さい蚕に害になるからである。なお三齢期以降はこの限りではない。蚕が虚弱な場合、四齢期中は葉に酒を吹きかける。

飯能から八王子やさらにその先横浜までは、耕地が排水路を欠き、桑より稲作に適しているのに気づいた。この地では桑の葉があまりにも生い茂り、幅広く弱々しかった。

八王子で目にした少数の蛾はあまり見込がなく、無数の玉繭や錆病に冒された繭が見られた。

武蔵の国というのは今でいう東京都のことである。江戸の海岸地帯は低湿で稲作には余り適しなかった。現在より海がはるかに西側まで食い込み、武蔵野台地の東端との間には茅原しげる低湿地帯が南北に細長く続いていた。だいたい日本橋・新橋・日比谷・田町を結ぶ線が海岸線で、新橋・日比谷の間には日比谷の入江が北へ深く入り込んでいた。その東側、今の東京駅・有楽町付近は低湿地帯が半島のように突き出し、江戸外島と呼ばれていた。

同じ武蔵でも山を背負った八王子の方が農耕に適していたらしく、律令制による武蔵国の国府も江戸村ではなく、ずっと西のいまの府中市にあり、国分寺もその辺りにあった。武蔵の国はまず西方から開けたと言っていいのである。

戦国時代、関東は小田原の北条氏の勢力圏で、北方・越後の上杉謙信、甲州の武田信玄らとの小競り合いが絶えなかった。しかし関東はこれら勢力が定着するにはあまりにも広く、この関東地方を統一するような英雄はついに現れなかった。

徳川家康が豊臣秀吉の勧めで江戸入りしたのは天正18年（1590）であった。それから後、わずか400年余を経て今日に及ぶ。その当時、武蔵国で最大の都会は八王子だった。江戸入りして身代の大きくなった家康は、広い関東を支配するため新たに人を召し抱えなければならない。そうした必要性から八王子で新規に500人ほどの家臣団が召し抱えられた。家康は織田信長とともに武田勝頼を滅ぼした時も、甲州人に寛大で、天下無比といわれた甲州侍を大量に召し抱えた。武田信玄の軍法への敬意によるものであった。

それが「八王子千人同心」と呼ばれる特殊な徳川直臣団だった。同心というのは徳川直属の足軽というほどの意味である。彼らは甲州街道の西側の抑えとして八王子に住まわせ、小仏峠の防衛にあたらせた。身分は足軽程度で、彼らはそれだけでは食っていけないから、農地を開いて屯田兵のような存在であった。幕末の新選組、近藤勇、土方歳三らもまた、八王子周辺から起こり、この辺りの出身者であることはよく知られている。

6月26日（旧暦5月17日）

八王子から原町田と川井へ

26日正午に八王子を発ち、橋本と木曽を経て、5時半に5里離れた原町田に到着した。

原町田は家屋100戸と住民340人からなる小村落で、農作物としては米、雑穀、茶が挙げられる。蚕の飼育は小口で、すべての家で行われているわけではない。飼育される唯一の蚕種は上州産のものであるが、にもかかわらず目にした繭はかなり出来の悪いものだった。今年は数少ない蚕の飼育家が八王子と同じ理由から、取引用の繁殖による産卵台紙をただの一枚さえ作らずじまいだった。

蚕を飼育している家々では、女性たちが住まいの戸口の前に座って、前橋のところで述べたのと同じ方法で繭の糸を挽いている最中であった。ただし互いに関連する小枠や綾振りを作動させる小座（歯車）をハンドル操作で行うようにはなっていないが、ここでは、運動が紐車から紐車にかかる細紐で行われていた。


幕末から約50年間、上州、秩父、信州、甲斐一円から生糸が八王子に集まった。八王子は桑都と呼ばれ大いに賑わった、八王子に集められた生糸は、ここから片倉、鑓水（やりみず）峠、田端、原町田などを経て横浜へと運ばれた。全長35キロメートルのこのルートは首都圏を環状に結ぶ今日の国道16号とほぼ並行して走っていた。

この道を使って活躍した商人たちは鑓水商人と呼び、大変な勢いだった。武蔵、相模地方で産した生糸は、横浜開港以前はすべて八王子に運ばれたという。この生糸を扱ったのが鑓水商人の起こりで、開港によってこの人々の活躍の場はさらに広がった。鑓水峠を越えた生糸は、丘陵を斜めに横切りながら横浜へと運ばれ、外国に輸出されていったのである。

一行がこの日宿泊した原町田村は、横浜開港後、繭・生糸の中継地として栄え、明治3年には149戸のうち22軒が生糸などを売買する商人だった。そのほか周辺は一面の桑畑で、養蚕と農業を兼業している農家がほとんどだったとされる。

生糸は馬や人力によって八王子から南下し、鑓水峠を越えて田端、小山を抜け、境川沿いに原町田へ出て横浜へ向かった。また、横浜からも近距離だったことから馬に乗った横浜在住の外国人が原町田まで遠乗りに来たという。しかし、明治41年（1908）に八王子〜東神奈川の横浜線が開通。江戸時代から栄えた「絹の道」は長くは続かずにその使命を終えた。

6月27日（旧暦5月18日）

27日午後1時頃原町田を出発した。鶴間村にある円城という名の寺に短時間立ち寄った後、3時半に原町田からわずか2里離れた別の小村川井に到着した。

川井は二つの丘陵に囲まれた谷間にあって、丘陵の斜面に分散して百姓だけが住んでいる。

そこにはわれわれに相応しいかなり広い宿舎がなかったので、一時的に僧侶に立ち退いてもらい、襖と屏風で間仕切りをした寺に泊まった。

日本人の山繭飼育法

川井の周辺では雑穀やさまざまの種類の野菜が大量に採れる。ただし蚕の飼育はほとんど考慮されずに、山繭が少量飼育されているに過ぎない。われわれは樫の森の中にある数の山繭の捨てられているのを見出したが、にもかかわらずそこから程遠くない地点で一人の百姓が山繭を丹精込めて育てていた。4月の最初の2週間、気温が普通なら、蚕種を一枚の筵の上に広げて自然にのばしておく。蚕が生まれるにつれて、幹から切り離して水の入った器に入れた樫の枝に蚕を載せる。初めの二齢期の間は毎日器の水を取り替えて、この方法で育て続ける。乾いた枝から新鮮な枝へ蚕を移すために、蚕が載っている葉を乾いた枝から切り離して、青葉の枝の上に置くと、蚕はすぐさまくっつく。

二齢期の後山繭がすでに頑強になると、飼育家は住まいに隣接した高さ3メートルほどの樫の若木の上に、恐れることなく載せる。蚕は、繭ができるまでの残りのすべての時間を通してこのように勝手に放置され、鳥類の強欲に対して保護される以外の世話は一切必要としない。乾燥過多の気温の時期には、１日に12回竹製のポンプを使って木に水が吹きかけられる。

四齢期を過ぎる時期、すなわち孵化から5、60日後に蚕は繭を作り始め、繭は集められて大きな籠に入れられる。36日か38日後に蛾が出てきて、蛾同士だけで交尾して、手のついた籠に付着して、雌はそこに卵２００あまりを産む。雌の繭は雄のよりはるかに丸みを帯びてがっしりしているが、雄の繭は細長い楕円形である。

日本人は山繭の糸をほとんど用いない、ほぼ例外なく他の織物の装飾として使われる。どんな色にも染まらずに、純粋さを保ち銀のように輝き、織物に優美な趣を与える。

山繭は、餌にすることのできる樫の異なった種類の中で、楢（なら）と橡（くぬぎ）と称する木を大いに好み、後者の方がより好みである。

天蚕の作った繭が天然の山繭である。楢の木についていることが多く、山へ行って楢や橡の木に下がっているのを採ってくるのである。繭はちょっと黄ばんでおり、大きさは3

センチほど。高級絹糸として古代から愛用されており、奈良県斑鳩町の藤の木古墳からも出土している。同古墳は繊維製品の宝庫だったといわれ、石棺内に収められていた約300個の繊維製品の破片は経錦、平絹などわが国の服飾史を知る資料となった。

天蚕は一化性で年に一回の割合いで発生し、卵態で越年する。幼虫は緑の保護色で四眠五齢の発育をたどり、完全変態する昆虫である。天蚕糸は家蚕糸に比べて強伸力に富み、優雅な光沢があり、軽くて柔らかい。天然絹糸そのもので、繊維業界では「繊維の女王」と言われている。

天蚕の自然発生はコナラ、クヌギ、カシなどの木で4月下旬から始まり、木の芽をかじって稚蚕期を過ごす。従って幼虫期間も非常に長いのである。家蚕が営繭に普通23日ほどに対し、天蚕は42日もかかる。天蚕の産卵が始まると、真夏の明かりを求めて家の中に迷い込んで来ることがある。障子や蚊帳に大きな羽を広げてばたばたさせて止まる姿はまるで女王蝶のようだ。

天蚕繭の製糸技術は非常に難しい。家蚕に比べて繭量が多いため、口引層が厚いのである。従って器械製糸でなく、座繰り製糸が普通だ。

6月28日（旧暦5月19日）

一行は川井を発ち、横浜に帰還

川井を後にしたのは28日7時半であった。３時間を経ないで保土ヶ谷に着いた。保土ヶ谷は東海道沿いで本州の南部に通じる方角に位置する大きな村である。御門（みかど）が京都から江戸への旅を企てられたため、この地は御門の逗留地点となったので、見事に洗練された総白木造りの大きな館がわざわざ建設された。この場所がイタリア公使に便宜供与され、そこには茶とさまざまな種類の菓子がすでに用意されていた。

この天皇逗留の館全体は簡素ではあるが、簡素なうちにもなにか荘重で謹厳で優雅なところが目立つ。内部全体もこれまた白木造りで、天井と間仕切りの戸は白地に金の星がちりばめられている。洗練の極みの畳は宮中高官の定められた位に従って赤や白や黒の絹で縁取りされている。孤立して薄暗い御門の特別の間には、天子が瞑想に集中できるように、近づき難い様相が具わっていた。

午前11時に一行は保土ヶ谷を発って、正午に横浜の王国公使公邸に帰着した。

こうしてドゥ・ラ・トゥール伯爵率いる視察団の旅が無事終わった。最終日の28日午前中に立ち寄った保土ヶ谷は東海道五十三次の4番目の宿。明治天皇が初めて京都から東京城に行幸された際に造られた真新しい行在所（あんざいしょ＝仮御所）を提供されて休憩した。総白木造りの大きな館と記しているが、保土ヶ谷宿の本陣（苅部氏）の敷地内にあったようだ。苅部氏は明治帝の東幸時に姓を苅部から「軽部」に改称したとされる。

現在は滝野川公園の木立の中に「明治天皇行在所碑」と書かれた大きな石碑を見ることが出来る。かつては神奈川宿で栄えたあたりで往事を偲ぶ場所でもある。

明治元年（1868）7月17日、何の前触れもなく「江戸を東京とする」という詔書が出て、江戸は突然、東京になった。10月30日には天皇が京都から東京城（旧江戸城）に入城し、ここを新皇居と定めた。古くて閉鎖的な京都を脱して天皇親政の新体制を作ろうとしたためだが、京都市民の感情にも配慮して明治2年1月にいったん京都に還幸、一条忠香（ただか）の娘・美子（よしこ）を皇后として祝儀を済ませた後、再び東京で暮らすようになったのは同年3月からである。

因みに、明治天皇に信任状奉呈を許可された最初の外交官はドゥ・ラ・トゥール公使だった。その栄誉が英米仏の列強ではなく国家統一を成し遂げたばかりの新興国家イタリアの公使に与えられたこと、さらには内陸への視察団を許された第一号もイタリアだったことは同公使にとって大きな名誉であり、天皇に対する尊崇の念と親近感はいやが上にも高まっていたのではないか。公使一行は横浜帰任の直前、明治天皇の行在所で提供された茶菓を味わいつつ至福のひと時を楽しんだに違いない。

公使一行はこのあと、保土ヶ谷から1時間ほどで無事横浜に帰着した。6月8日に横浜を出発してから、都合21日間の旅だった。移動した距離は全部で102里（約408キロ）余。一日の行程はおよそ7〜8里前後、すなわち28キロから32キロであった。

総　覧

私の務めもほぼ終わりに達したので、われわれの旅行の報告書の筆を置くに先立ち、養蚕業について道中収集した若干の所見を加えることは、時宜にかなっていると思う。

外国人が蚕の蚕卵台紙を日本から輸出する以前の日本では、飼育がより難しいにもかかわらず、日本人好みの白い繭の蚕だけしか飼育されていなかった。緑の繭の産卵台紙は雄の黄色の繭と受精した雌の白の所産であり、外国人の要請に基づき、今では生産の大半を占めている。

一枚残らず完全に蚕種で覆われている紙を得るのは難しいと言っている以上、日本人は紙の狭い面積や部分的に蚕種が欠けていても大して頓着しない。すでに孵化した卵が含まれている紙にさえ無関心である。時として産卵台紙の製造直後に、日本人が「再出（サイデ）」と称する小さな蚕が生まれることがある。いわゆる正常でない卵から二度目に生まれた蚕である。この現象は未だ解明されていないが、養蚕家によっては良質の蚕種の証しとみなされている。

だが日本人は蚕種が一様で粘着性に富み紙の上に均等に広がっていることにこだわる。

完全に蚕種で覆われていない紙はヨーロッパの輸出業者が欲しがらないのを目にした日本人は、他の蚕種を糊付けにしたり二化性の蛾に卵を産ませて、産卵台紙の空きを埋めようと考えた。

黄色の繭の蚕種は主として奥州と上州で飼育される。日本には数種の二化性蚕があり、これらの品質は繭を作り、一化性のと酷似した品質のゆえに日本人の評価がきわめて高い。

奥州、出羽、上州、信州の国々ではそれぞれの養蚕家が自分の蚕種製造に専念する。

ただし武州、伊豆、相模、甲州、摂津（そこには最近外国交易向けに開かれた兵庫の町がある）の国々では良い成果が挙がらないので、産卵台紙は前記の国々で調達され、後記の国々で産出する蚕種はわずかにヨーロッパの蚕種商に売り渡されるに過ぎない。だが、なんらの成果のないことが知られているので、賢い連中は買わない。

江戸湾を閉ざす形で位置する下総と上総の二国は、将来横浜の市場に膨大な産卵台紙を供給することになろう。今やその地で養蚕は収益のあくなき欲望にかられて、目覚ましい進展を遂げ始めている。蚕種の品質は劣る。ただしその地の農民はいまだ蚕種を紙の上に整然と配置させる水準に達していない。上総国の主要な町東金と下総国の八日市場と成東の近辺では、養蚕業が始まった。だが、奥州と出羽の地区の間のヒダの小地域でも蚕の飼育が始まる。

あとがき

こうして内陸旅行「第一号」の許可を得て始まったドゥ・ラ・トゥール伯爵らイタリア公使館一行の養蚕地域視察の旅は終了した。大胆にして勇敢、かつ終始生真面目な調査旅行だった。初めて見る異人さん（外国人）に対する好奇心も旺盛で、訪問した各地で公使らは大歓迎を受けた。

公使ら一行が特に関心を寄せたのは、養蚕場で飼育されている蚕の衛生状態を観察し、ヨーロッパで流行している微粒子病やその他の病気の有無を確認すること。またヨーロッパで優良生糸として高い評価を受けていた前橋産生糸の生産現場の模様、桑の栽培状況、日本の養蚕法および製糸技術を自分の目で確認することなどであった。

当時、世界の生糸取り引きの中心は、フランスのリヨン市場だった。安政6年（1859）の開港当初は貿易の過半はイギリスが占めていたが、明治2年（1869）にスエズ運河が開通すると、生糸を運ぶ船は地中海に入り、マルセイユ港（仏）を経由してリヨンに様々な国の生糸が集まり、売買されたのである。リヨンで最高の価格で取り引きされていたイタリア産生糸と同じ水準にあったのが「マエバシ（Mybashi）」の生糸であった。公使らが、調査の最終目標として前橋を目ざした理由もそこにある。

さらに公使一行は蚕種生産量に関する貴重な情報を入手するという大切な使命も帯びていたようだ。なぜなら蚕種の供給量は高値となっていた販売価格に直結するからである。このため、蚕種を生産している農家では、その生産状況を詳しく問いただしているが、この視察で訪れた地域は日本の一部地域に過ぎなかったため、全国の生産量を正確につかむことは出来なかった。

前述したように、日本とイタリアの国交は150年前の慶応2年（1866）からスタートした。徳川幕府がそれまで禁止していた蚕種輸出を解禁した1865年の翌年である。そのころヨーロッパでは蚕の微粒子病の蔓延で蚕糸業は大打撃を受け、わが国に無毒強健な蚕種の供給を渇望してきたのである。

イタリア公使らは養蚕地視察の旅を通じて、日本の蚕糸業の実情を調査・確認すると同時に問題点もいろいろ指摘している。最大の課題は洋式器械製糸による大量生産態勢の確立だった。明治政府は直ちに富岡製糸場を建設して器械製糸への道を開き、生糸をその後

70年以上にわたってわが国輸出品の首位を占める花形商品に育てあげたのである。日本は世界一の生糸生産国・輸出国となった。

生糸輸出は第二次世界大戦で敗北したわが国の戦後復興にも大きな役割を果たした。困窮する日本人の食料輸入を助けたのもまた生糸だったのである。しかし、昭和30年代に入って機械産業等が目覚ましい発展を遂げる中で、第1次産業である蚕糸業は次第に衰退してしまった。

この道中記を書き残したピエトロ・サヴィオは、北イタリアのアレッサンドリア生まれ。1867年夏、失恋の痛手を乗り越えるため「最も遠い国」である日本へやって来て日本語を勉強。領事館の協力者となった。翌明治元年（1868）、大阪・神戸の開港に際してドゥ・ラ・トゥール公使のお供で関西に出張したサヴィオは偶然、神戸事件に遭遇し「ハラキリ」を目撃した。

神戸事件とは同年2月4日、神戸三宮神社近くを行進中だった備前（岡山）藩兵の隊列前を神戸に停泊中だったフランス軍艦の乗組員数人が横切ったのが発端。これを無礼だとして砲兵隊長の滝善三郎（32）は槍を振るって外国兵を攻撃、アメリカ人1人、フランス人2人が負傷した事件である。水兵側は拳銃で応戦し、双方は銃撃戦に発展。1862年の生麦事件とは異なり、命を落とすことはなかったものの、ハリー・パークス英国公使ら外交団は狂気の沙汰ともいえる襲撃の説明と解決を明治政府に強く求めた。

困惑した政府は備前藩の立場を無視し、発砲命令を下した滝に切腹を命じ、4週間後の3月2日に列強外交官列席のもとで永福寺において処刑を実施した。大政奉還を経て明治新政府になって初めての外交事件であり、これ以降、明治政府が対外政策に当たる正当な政府である旨を諸外国に示すことになった。

このとき滝の処刑に立ち会った外交団7人の中にいた1人が、イタリアのピエトロ・サヴィオである。サヴィオはド・ラ・トゥール公使らとともに、大阪、神戸の開港に合わせて同年1月、関西に滞在中で2月3日の滝の処刑を目撃し公使に報告書を提出している。この事件は現在、神戸の繁華街にある三宮神社の鳥居脇に設置された碑文が概要を伝えているが、本書の内容とは何ら直接の関係はない。しかし、徳川幕府の旧体制と明治という新時代とが混沌と混ざり合っていた当時の日本の実情を知る意味で、敢えて紹介してみたい。

それによると、本堂の中心に座った滝は「発砲命令は拙者が下し、その責任はすべて自分にある」と述べたあと、脇差で一瞬もためらわずに腹部の左側から右側まで切り、上に刃を引いてハラキリを行った。滝が倒れた時、両手で頭上に太刀を構えた執行人が首を完全に切り落とした。しばらくの間、その光景の恐怖によってだれも口を利くことができなかった。（イタリア学会誌第61号「神戸事件とイタリア」ジュリオ・アントニオ・ベルテリ著）

ド・ラ・トウール公使は事件後、本国の外務大臣に対して行った報告の中で「減刑を求めたいという気持ちはあったが、寛容の情に屈してしまえば日本に住む外国人の未来が危険にさらされるだろう」として滝に命じられた罰が過度に重いことを率直に述べている。

公使は明治2年秋、体調不良のため本国に帰国の許可を求め、翌明治3年4月に日本を離れている。後任には養蚕が盛んであった北イタリア出身のアレッサンドラ・フェ・ドスティアーニ伯爵が起用された。ドスティアーニ伯爵も前任者同様、高騰する蚕種価格の適正化のため何とか日本で生産される蚕種台紙の供給体量をつかもうと努力を重ねた。この結果、蚕種商人たちは購入を急ぐことなく価格が低下するのを待つようになり、販売価格は次第に抑制されるようになった。

一方、腹を切って潔く死に立ち向かった滝の気高い姿に感動さえ覚えたサヴィオはその後公使館の書記官に昇格したが、１８７３年秋いったんイタリアに帰国。翌１８７４年夏には蚕種商人として再来日した。そして明治5年に再度、養蚕地帯への調査旅行に挑戦し、この時も旅行記を残している。さらに明治7年にもイタリアの養蚕家を引き連れて3度目の視察を繰り返す（『日伊文化研究』36の「絹貿易と日伊交流」ザニエル著』）などわが国の養蚕や蚕種についていかに深い関心を寄せていたかが分かる。

そしてイタリアがもはや海外での生糸の買い付けを必要としなくなった1882年、故郷に帰って市会議員になった。この間、カヴァリエーレ（騎士勲章）を受章、1904年に66歳で鬼籍に入った。

参考文献

『一八六九年六月伯爵閣下により実施された、日本の内陸部と養蚕地帯におけるイタリア人最初の調査旅行―詳細な旅行記と養蚕・農耕・農作物の特殊情報に関する詳記』（就実大学史学論集）ピエトロ・サヴィオ著、岩倉翔子訳　就実大学総合歴史学科編　２００６年
『イタリア図書・37巻特集：日伊交渉（２）19世紀日伊交流の一側面』岩倉翔子著（イタリア書房）２００７年
『イタリア図書・37巻特集：日伊交渉（２）日伊蚕種貿易関係における駐日イタリア全権公使の役割』ジュリオ・アントニオ・ベルテリ（イタリア書房）２００７年
『神戸事件とイタリア』ジュリオ・アントニオ・ベルテリ（イタリア学会誌・第61号）２０１１年
『イタリア人が見た明治の日本』岩倉具忠（外交フォーラム第14巻）２００１年
『結城松平家と家臣団』稲葉朝成
『速水堅曹・生糸改良にかけた生涯』速水美智子編（飯田橋パピルス）２０１４年
『速水堅曹資料集』速水美智子編（文正書院）２０１４年
『上州百年』萩原進著（上毛新聞社）１９６８年
『図説群馬県の歴史』西垣晴次責任編集（河出書房新社）１９８９年
『図説埼玉県の歴史』小野文雄責任編集（河出書房新社）
『上州の温泉』相葉伸（みやま文庫）１９６４年
『上州の諸藩』山田武麿編（上毛新聞社）１９８２年
『錦絵にみる日本の温泉』木暮金太夫編（国書刊行会）２００３年

『なるほど榛名学』栗原久（上毛新聞社）２００９年
『駅逓明鑑・第12篇外国人旅行の部』
『図説中山道歴史散歩』（新人物往来社）
『中山道歴史散歩』斎藤利夫著（有峰書店新社）１９９５年
『青い目の旅人たち』萩原進（みやま文庫）１９８４年
『上州の旧街道いま・昔』山内種俊著　１９８５年
『蚕にみる明治維新』鈴木芳行著（吉川弘文館）２０１１年
『加賀百万石と中山道の旅』忠田利男著（新人物往来社）
『武州路・上州路をゆく』児玉幸多監修（学習研究社）２００１年
『県史・埼玉県の歴史』児玉幸多監修（山川出版社）
『埼玉県の歴史散歩』埼玉県高等学校社会科教育研究会編（山川出版社）２００５年
『東京都の歴史散歩』東京都歴史教育研究会編（山川出版社）２００５年
『明治維新の舞台裏』石井孝著（岩波新書）１９７５年
『みかどの都』金井円・広瀬靖子編訳（桃源選書）１９６８年
『きよのさんと歩く大江戸道中記』金森敦子著（ちくま文庫）２０１２年
『姥ざかり花の旅笠』田辺聖子著（集英社文庫）２００４年
『江戸の旅人』高橋千劔破（集英社文庫）２００５年
『こんなに面白い江戸の旅』大和田守と歴史の謎を探る会編２００９年
『群馬県の養蚕習俗』群馬県教育委員会

『群馬県蚕糸業史』（上下）群馬県蚕業協会　１９５４年
『蚕糸業要覧』農林省蚕糸局　１９３９年
『開港とシルク貿易』小泉勝夫著（世織書房）２０１３年
『近代群馬の蚕糸業』高崎経済大学附属産業研究所（日本経済評論社）１９９９年
『群馬の養蚕』近藤義雄編（みやま文庫）１９８３年
『上州前橋の蚕業回顧』笹沢周作著　１９９０年
『群馬の生糸』萩原進編（みやま文庫）１９８６年
『前橋市史』（第６巻）前橋市史編さん委員会（前橋市）１９８５年
『前橋史話』丸山清康著（大成堂書店）１９７５年
『前橋史帖』中島明著（みやま文庫）１９９７年
『絹の再発見』読売新聞社前橋支局編（煥乎堂）１９６９年
『蚕にみる明治維新』鈴木芳行著（吉川弘文館）２０１１年
『絹の国を創った人々』志村和次郎著（上毛新聞社）２０１４年
『郷土群馬県の歴史』井上定幸編（ぎょうせい）１９９７年
『富岡製糸場の歴史と文化』今井幹夫著（みやま文庫）２００６年
『世界文化遺産富岡製糸場と明治のニッポン』熊谷充晃著（ＷＡＶＥ出版）２０１４年
『世界遺産富岡製糸場』遊子谷玲（勁草書房）２０１４年
『製糸業近代化の研究』山本三郎（群馬県文化事業振興会）１９７５年
『日本の歴史（19）開国と攘夷』小西四郎（中公文庫）

富澤 秀機（とみざわ・ひでき）

作家・ジャーナリスト。

1942年群馬県前橋市生まれ。早稲田大学卒業。

日本経済新聞社記者、ワシントン特派員、政治部長、編集局長、常務取締役。テレビ大阪社長を経て執筆活動中。

著書に『松陰の妹を妻にした男の明治維新』（徳間書店）＝日本図書館協会・全国学校図書館協議会選定図書＝など。

イタリア伯爵　糸の町を往く
一二〇〇円＋税

発行日　平成二十九年四月一日
著　者　富澤秀機
制　作　上毛新聞社事業局出版部
〒三七一-八六六六
前橋市古市町一-五〇-二一
電話〇二七-二五四-九九六六